2022年科普中国创作出版扶持计划选题类项目
河南省科学技术协会科普出版资助·科普中原书系

中国金刚石
——献给世界的浪漫与力量

邹广田　王秦生　单崇新　等　编著

郑州大学出版社

图书在版编目(CIP)数据

中国金刚石：献给世界的浪漫与力量／邹广田等编著． -- 郑州：郑州大学出版社，2025.6． -- ISBN 978-7-5773-0460-1

Ⅰ．P578.1

中国国家版本馆 CIP 数据核字第 2024RX4432 号

中国金刚石——献给世界的浪漫与力量
ZHONGGUO JINGANGSHI——XIANGEI SHIJIE DE LANGMAN YU LILIANG

策划编辑	崔青峰		封面设计	王四朋
责任编辑	崔勇 祁小冬		版式设计	陈青 张静
	王红燕 吴波		责任监制	朱亚君
责任校对	刘永静 李蕊			

出版发行	郑州大学出版社	地　址	河南省郑州市高新技术开发区
经　销	全国新华书店		长椿路11号(450001)
发行电话	0371-66966070	网　址	http://www.zzup.cn
印　刷	河南瑞之光印刷股份有限公司		
开　本	710 mm×1 010 mm　1 / 16		
印　张	10	字　数	133 千字
版　次	2025 年 6 月第 1 版	印　次	2025 年 6 月第 1 次印刷
书　号	ISBN 978-7-5773-0460-1	定　价	68.00 元

本书如有印装质量问题,请与本社联系调换。

作者名单

(按编写章节排序)

邹广田　王秦生　单崇新　孙兆达
李　颖　左宏森　苑执中　李红东

前　言

金刚石是自然界最硬的物质,集众多优异的声、光、电、热等性能于一身,广泛应用于光伏发电、半导体、消费电子及超硬刀具等诸多领域,是现代工业中的关键基础材料,亦被视为21世纪最有发展前景的材料。

中国于1963年成功研制出人造金刚石单晶。生产设备、触媒材料(固态催化剂)、富晶区生长原理、双参数动态匹配新工艺等成套技术方案几近完美,世界领先。正是这整套技术,使得中国金刚石单晶优质高产,物美价廉,产量居世界第一,成为中国的一张名片。

作为高端奢品,钻石象征永恒的爱情,代表着浪漫;作为工业材料,金刚石无坚不摧,代表着力量。集浪漫和力量于一体的金刚石,正是中国献给世界的瑰宝。

为普及金刚石相关知识、展望未来发展,传播科学精神、弘扬科学家精神,中国机床工具工业协会超硬材料分会、河南省科学技术协会共同组织策划,遴选国内金刚石产学研领域权威专家共同编著科普图书《中国金刚石——献给世界的浪漫与力量》。从在各个领域大显身手的"王者"材料,到高端奢华的消费品,书中涉及的内容微至量子科技前沿,广至星球探秘之路,让不同层次的读者都能全面了解金刚石的前世今生。

由于作者编写水平和掌握资料有限,书中难免有错漏和不当,敬请读者批评指正。

目 录

金刚石的前世今生 / 001

天然金刚石晶体晶莹剔透、璀璨夺目，很早就得到了人类的珍爱，令人向往，引人遐想，从而也开启了人类在自然界中寻找以及探究其本质的漫长之旅。直到18世纪，人类才揭开它神秘的面纱。

形形色色的金刚石	002
天然金刚石从何而来	010
人造金刚石的诞生	015

金刚石是这样"炼"成的 / 017

经过60余年的发展，中国人造金刚石从无到有、从小到大、由弱变强，我国科技工作者研发了拥有完全自主知识产权的铰链式六面顶压机合成金刚石技术，中国已成为名副其实的人造金刚石大国。那么，金刚石的成分是什么？金刚石有哪些奇异特性？金刚石是怎样"炼"成的？本部分内容将带你揭开其中奥秘。

金刚石的成分之谜	018
金刚石的奇异特性	019
点"石"成"金"	022
金刚石也能"长"出来	026

最锋利的工业牙齿 / 027

"工欲善其事,必先利其器",高精尖产品的实现,离不开高性能的工具。现代工业发展的诸多领域已绕不开终极利器——金刚石工具。本部分内容将带你畅游机械、建材、电子、勘探及航空航天等领域,让你从金刚石的华丽表面走进金刚石工具大世界。

有了金刚钻,谁怕瓷器活儿	028
金刚石磨具的微观世界	033
形形色色的磨抛神器	040
半导体晶片加工的最佳工具	044
"基建狂魔"的最佳利器	050
撬开星球奥秘之门	059
"削铁如泥"的金刚石刀具	065
3D 打印为金刚石利器锦上添花	074

克拉自由 / 079

古今中外,钻石瑰丽的外表,让人着迷,不菲的价格,又让人却步。从 21 世纪初开始,培育钻石进入珠宝市场,开启了从工业领域应用到民生领域使用的新纪元,正在改变世界钻石市场格局,钻石也走入了更多普通人的生活。

绝美的十大名钻	080
金刚石就是钻石吗	091
钻石是怎么打磨的	092
钻石的鉴定分级	101
培育钻石风生水起	106

世间多功能宝物 / 117

金刚石集众多优异性能于一身,作为声光电热磁多功能材料,目前找不到第二种材料与之媲美。本部分内容微至量子科技前沿,广至星球探秘之路,金刚石可谓"十八般武艺样样精通",开创了多功能应用新时代。

至微至广的量子宠儿	118
"终极"微机电系统	125
"永不枯竭"的电池	128
"终极"半导体	131
极端环境中应用的超硬超导体	136
生物医学领域大显神通	140
十八般武艺样样精通	145

金刚石的前世今生

 **形形色色的金刚石**

"出身"不同的金刚石

天然金刚石晶体晶莹剔透、璀璨夺目,因此很早就得到了人类的珍爱,令人向往,引人遐想,从而也开启了人类在自然界中寻找以及探究其本质的漫长之旅。直到18世纪,人类才揭开它神秘的面纱,它与石墨一样都是碳的同素异形体,并于20世纪50年代由人工制造出来。它不但在自然界存在,同时也是一种可以再生的"物质"。如今,金刚石的来源分为两种形式——天然金刚石和人造金刚石(图1.1)。

图 1.1 天然金刚石(左)和人造金刚石(右)

形状各异的金刚石

金刚石晶胞属于面心立方结构。天然金刚石原石有三种基本形状——八面体、立方体和菱形十二面体。还有由这三种形状变异或穿插组合成的多晶形状:有平面晶体,也有凸面晶体;有单晶体,也有多晶体——如球形的巴拉斯金刚石(图1.2)。

锯齿状外观的八面体

细长的八面体

圆八面体

不规则的扁平状

三角薄片双晶

菱形十二面体

 八面体

球形体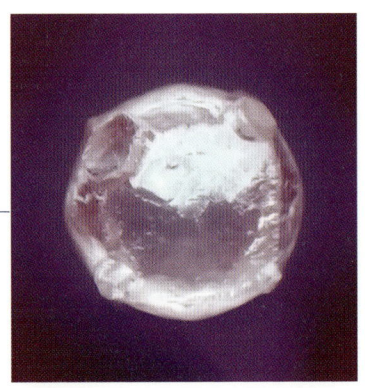

图1.2 形状各异的金刚石

依合成条件不同,人造金刚石晶形可为八面体、立方体、立方体-八面体聚形等(图1.3)。

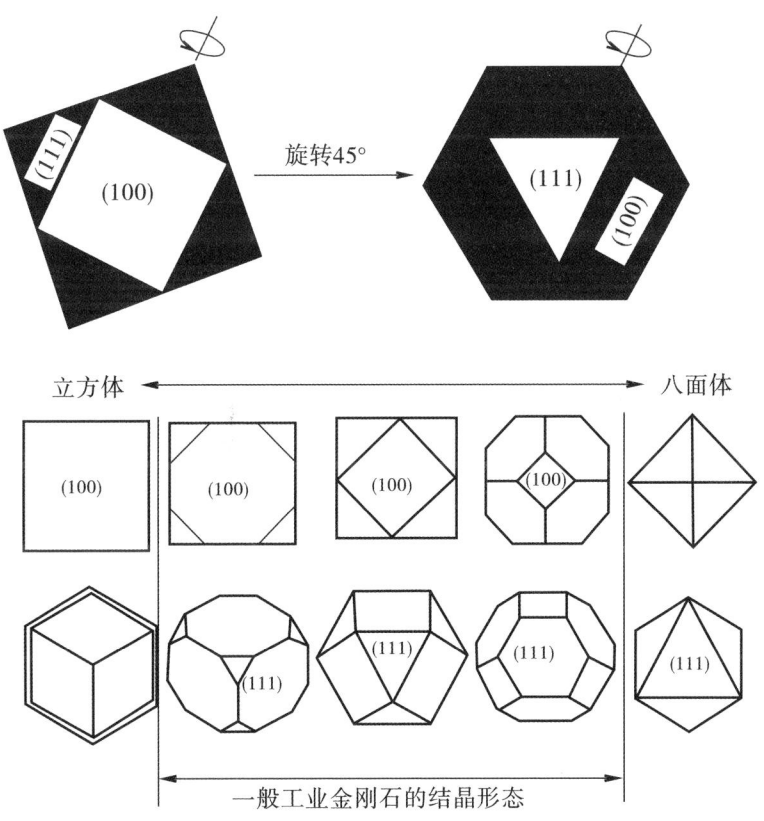

图1.3 人造金刚石结晶形态示意图

"神通"广大的金刚石

具有较大粒度和较高质量的金刚石单晶可用作工艺品和装饰品,用作装饰品时,颗粒要大,颜色要好(最好是无色、蓝色、红色)且均匀,晶体呈透明或半透明,杂质、气泡及裂纹等缺陷要少(图1.4,图1.5)。

图1.4 蓝色宝石

图1.5 红色宝石

金刚石不仅可以加工成价值连城的珠宝,在工业中也大有可为,可制作成金刚石工业制品(图1.6)。它硬度高、耐磨性好,可广泛用于切削、磨削、钻探;由于导热率高、电绝缘性好,可作为半导体装置的散热板;它有优良的透光性和耐腐蚀性,在光电领域也得到广泛应用。

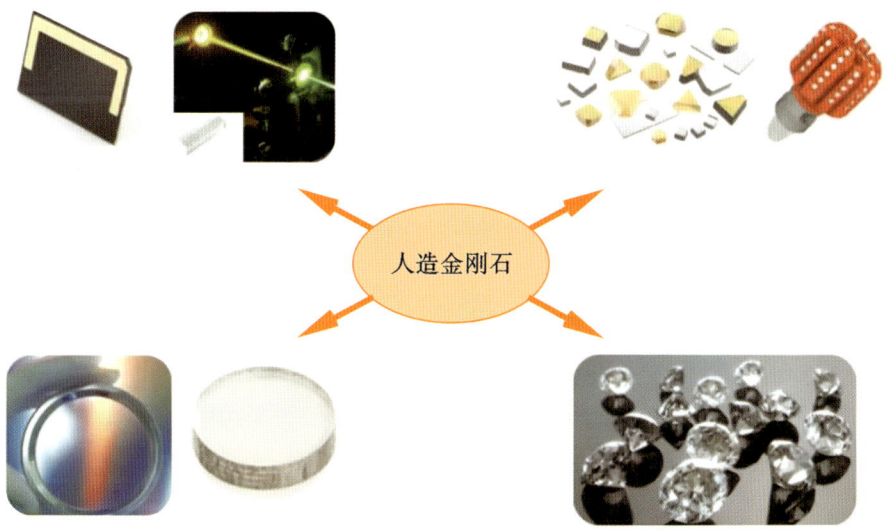

图1.6 金刚石工业制品

天然金刚石从何而来

天然金刚石矿床按成因可分为原生矿床与次生矿床（砂矿床）两大类。原生矿床又可分为金伯利岩型与钾镁煌斑岩型。目前世界上的金刚石原生矿主要产于金伯利岩中，金伯利岩是一种角砾云母橄榄岩，因1870年首先发现于南非的金伯利地区而得名。金伯利岩是一种偏碱性的超基性岩，按岩体的形状大致可分为岩管和岩脉两种。岩管一般成群出现，系岩浆喷发或侵入形成，岩体形状在地表呈圆形、椭圆形或不规则形状，直径为几十米至上千米。岩体垂直延伸较深，逐渐地或较急剧地收缩变小，于深部多以岩墙相连，在剖面上常形成漏斗状。岩管的岩石类型一般比较复杂，且具有较为明显的分带现象。岩管的边缘，一般由角砾状或细粒金伯利岩组成；岩管的内部，多由斑状或球形金伯利岩所组成。

天然金刚石是在地球深部高压、高温条件下形成的一种由碳元素组成的单质晶体,一般是通过火山爆发而被岩浆带到地表(图1.7)。其形成温度需要达到1100~1500 ℃,压强达到4.5~6 GPa,这相当于地球150~200 km深度的温度压强。

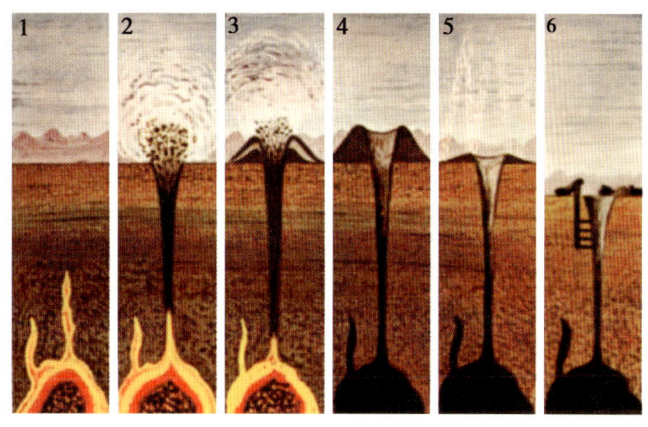

图1.7 天然金刚石的生成

在地球40多亿年的历史中,绝大多数的火山爆发并未带出金刚石,最近一次带有金刚石的火山爆发发生在4000万年前。随着科技进步,陆地上的金刚石矿几乎都已被找到,海底地层达不到形成金刚石的条件。

地球上金刚石的总储藏量约为几千亿克拉,但是含有宝石级的钻石矿只有10多亿克拉。

世界著名金刚石矿发现时间

南非 Premier 矿——1902 年

苏联米尔矿——1955 年

博茨瓦纳 Jwaneng 矿——1972 年

澳大利亚 Argyle 矿——1979 年

加拿大 Diavik 矿——1994 年

管状矿

藏于地下达亿万年之久的金刚石晶体要重见天日,须借助于火山喷发,而且最好是爆发式喷发,金伯利岩浆火山喷发为猛烈、短时和快速的爆发,不形成常见的锥形火山,而是低平、小型的火山口。携有金刚石的岩浆快速穿过不同组分比例的地幔岩和时代与厚度不等的盖层到达地表或地球浅部,在接近地表时因压力降低而膨胀,会形成上大下小的喇叭状。这种岩浆多以岩管状产出,俗称"管状矿"(图1.8)。

图1.8 管状矿开采

冲积矿

含金刚石的金伯利岩或钾镁煌斑岩出露在地表,经过风吹雨打等地球外力作用而风化、破碎,在水流冲刷下,破碎的原岩连同金刚石被带到河床,甚至海岸地带沉积下来,形成冲积矿(图1.9)。

图1.9 冲积矿开采——从河床淘洗钻石

在纳米比亚的大西洋沿岸，河流经过数十亿年的无数次改道，金刚石沿路留存，最后部分沉积在绵延 1600 km 的沙滩及近岸海床。沿岸海水中的海床也沉积有相当多的钻石毛坯。只要把沙滩及近岸海床的海沙刮取淘洗即可得到较高品质的天然钻石毛坯（图 1.10）。

图 1.10　海岸矿开采后的遗迹

 人造金刚石的诞生

随着社会经济文化发展,人们已经不满足于只将天然金刚石作为宝物和珍品来收藏,迫切希望了解它的庐山真面目,从而开启了对它的性质、结构和人工制造的漫长探索之路。

第一颗人造金刚石问世

18世纪末,从英国化学家坦南特开始,人们得知金刚石是碳的一种结晶形态,它与石墨同为碳的同素异形体。既然金刚石比其他形态的碳具有更大的密度,人们就设想,压力能否促使其他形态的碳转变成金刚石呢?于是,在之后的一个半世纪中,先后有众多科学家进行过各种各样的试验,试图人工制造金刚石。

直到20世纪中叶,近代科学知识奠定了合成金刚石的理论基础,高压装置的诞生和不断完善又为之提供了必要的手段。在这两个前提下,科学家开始了有实际意义的利用高温高压技术研制金刚石的工作。从1940年前后起,理论方面,以罗西尼计算1200℃以下石墨-金刚石平衡曲线为开端,合成金刚石所需要的压力、温度条件逐渐趋于明朗;设备方面,在美国物理学家布里奇曼发明的对顶砧的基础上,本迪、霍尔等人经过相继努力,于1953年成功设计了年轮式(Belt)两面顶超高压装置。在这些进展的基础上,美国的物理化学家霍尔利用Belt式装置,在石墨中添加含铁物质(陨硫铁),终于在1954年12月16日成功合成了金刚石。

中国第一次人工合成金刚石成功

20世纪50年代,新中国刚刚成立,百废待兴。那时的中国,在人造金刚石领域还是一片空白,在精密制造和国防工业方面经常被"卡脖子"。当时我国工业用金刚石主要依靠进口,因国际环境变化,我国工业用金刚石的来源几乎被掐断。要发展,中国就要制造自己的金刚石。1960年10月,当时的第一机械工业部设立了代号为"121"的攻关课题组,科技工作者为了打破封锁,自力更生、艰苦创业、团结协作,在极其困难的条件下,经过失败—改进—再失败—再改进的艰苦探索历程,于1963年12月6日在两面顶压机上,利用高纯石墨片和Ni-Cr合金,在7.8 GPa和1355~1510 ℃的条件下成功合成了中国第一颗人造金刚石。目前我国已经成为名副其实的人造金刚石生产大国。

超硬材料和金刚石的关系

超硬材料主要是指金刚石和立方氮化硼。金刚石是目前已知的天然存在的世界上最硬的物质。立方氮化硼的硬度仅次于金刚石。这两种超硬材料的硬度都远高于其他材料的硬度,包括磨具材料(刚玉、碳化硅)、刀具材料(硬质合金、高速钢等)。因此,超硬材料适于制造加工其他材料的工具,尤其是在加工硬质材料方面,具有无可比拟的优越性和不可替代的重要地位。正因如此,超硬材料在工业上得到了广泛应用。除了用来制造工具之外,超硬材料在声光电热等方面也具有极其优越的性能,是一种重要的功能材料,备受科学家关注。

金刚石是这样"炼"成的

金刚石的成分之谜

结构决定性质

金刚石与石墨都是由碳原子构成的,性质却天差地别。金刚石是天然存在的最硬的物质,而石墨则是自然界最软的物质之一。金刚石的特性源自其结构,其晶格中每个碳原子与相邻的 4 个碳原子结合形成正四面体结构(图 2.1),每个正面体结构又彼此相连,构建成致密稳定的空间立体网状结构。同时所有价电子都参与成键,晶体中没有自由电子。这种典型的共价键晶体使得金刚石具有极高的硬度,且不导电。

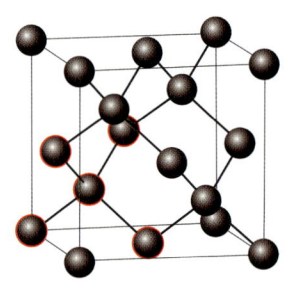

图 2.1　金刚石的结构

成分影响颜色

纯净的金刚石化学成分为碳,实际上常见的金刚石,无论是天然或人造的,都或多或少含有杂质,并显示不同颜色。由于氮原子弥散态的存在,人造金刚石常显黄绿色,微量的硼原子使金刚石显示蓝色。科学家能够通过操控缺陷和合成条件的影响来优化和定制金刚石的特性,以获得广泛的应用。例如高温高压合成的掺氮金刚石,具有独特的黄色色调(图 2.2)。

图 2.2　掺氮金刚石

 **金刚石的奇异特性**

坚不可摧的硬度

所谓矿物的硬度,是指结晶体对抗机械破坏的能力,常用莫氏硬度来表示。莫氏硬度是指一种物质可以刮伤另一种物质的能力。无论用哪种硬度来表示,金刚石都是目前地球上所发现的物质中硬度最高的。

优异的散热性

金刚石的散热性能非常好。大家知道,铜的散热性能就很好,20 ℃时铜的热导率是 4 $W·cm^{-1}·K^{-1}$,而$Ⅱ_a$型金刚石的热导率是 22~26 $W·cm^{-1}·K^{-1}$,是铜的6倍左右,是最有前途的散热材料之一。

完美的透光性

金刚石具有很大的折射率,并且具有高度的色散性,这意味着折射率随入射光波长的改变而改变。如果我们不停地旋转钻石,自然光线经过折射后分解为各种光色,于是就可以看到变幻无穷的光线。

Ⅱ型金刚石(一种含氮量极少的金刚石)的透光性非常好,在宽广的红外光线范围内皆可透过(除了在 $3\sim6~\mu m$ 有吸收),所以Ⅱ型金刚石可用作红外透射窗口和大功率激光器的辐射窗口。

完整纯净的金刚石单晶在可见光区域内是完全透明的。但实际上往往由于夹杂和缺陷,使金刚石在可见光区域内出现吸收带,导致金刚石染色。

神奇的电学性质

理想金刚石的电阻率非常高(10^{68} Ω·m),是一种优良的绝缘体,但是实际中杂质的存在大大降低了其电阻率。利用Ⅱ$_b$型金刚石(一种掺杂硼原子的金刚石)的半导体特性,可制作整流器和三极管,允许在高达600 ℃温度下使用。利用Ⅱ$_b$型电阻与温度的线性关系可制成半导体温度计,允许在–200～600 ℃使用。

低介电常数意味着信号在传播时,受到的干扰比较小,信号延迟也低。金刚石具有较低的介电常数且很稳定(5.68±0.03),可作为衬底材料,有助于提高通信设备的性能。

高速粒子轰击Ⅱ型金刚石,外电路会产生脉冲电流。利用这一特性,可制成导电性粒子计数器。

稳定的化学性能

在常温下,金刚石对酸、碱、盐等化学试剂表现为惰性,即使王水也不能与它发生化学反应。利用金刚石的化学稳定性,可以用酸、碱来提纯金刚石。

金刚石对水不润湿,然而容易沾油。这种疏水亲油的特征是由金刚石sp^{3}杂化的非极性键的本质决定的。利用这一特征可以使用油脂去提取金刚石,还可以用来鉴别真假金刚石。

金刚石稳定的化学性能也不是说任何条件下都坚不可摧,金刚石的化学成分为碳,会在高温下燃烧生成二氧化碳。试验表明,在空气中,人造金刚石开始氧化温度为740～840 ℃;在纯氧中,600 ℃以上,金刚石开始失去光泽,燃烧时金刚石发出蓝色的光,表面出现雾状的膜。

金刚石能与一些过渡金属起化学作用,促使金刚石解体,这种作用导致用金刚石加工这些材料时发生粘刀现象,限制了金刚石工具的使用范围。这些金属分为两类:一类是周期表中ⅦB族和Ⅷ族金属,如 Fe、Co、Ni、Mn 及 Pt 系金属,在熔融状态,它们是碳的溶剂,在磨削高温下会使金刚石产生溶剂化现象;另一类是容易生成稳定碳化物的金属,包括ⅣB、ⅤB、ⅥB族,例如 W、V、Ti、Ta、Zr 等,它们与金刚石有更强的亲和力,在高温下能与金刚石起化学反应,生成相应的稳定碳化物。

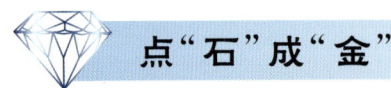

点"石"成"金"

高温高压法

高温高压法合成金刚石是指在恒定的超高温高压和触媒参与的条件下合成金刚石的方法。即以石墨为转化金刚石的原料,以过渡金属或合金作为触媒,以叶蜡石作为传压介质,用液压机产生恒定高压,以直流或交流电产生持续高温,使石墨转化成金刚石。

转化条件一般如下:

压强:5~7 GPa;温度:900~1300 ℃;时间:几分钟至数天。根据颗粒尺寸大小差别较大,例如几百微米的需要几十分钟,1 克拉的需要 7~10 天。

高温高压法合成金刚石的工艺程序

第一阶段是原材料准备,包括石墨、触媒、叶蜡石的选择、加工与组装等;

第二阶段是高温高压合成,通过计算机预定程序控制合成压强 p、合成温度 T、合成时间 t 等参数,在六面顶或两面顶高压设备上合成金刚石;

第三阶段是提纯、分选与检测,联合使用化学与物理方法将已经转化的金刚石提纯,按照相关标准使用专门仪器分选成不同品级的金刚石。

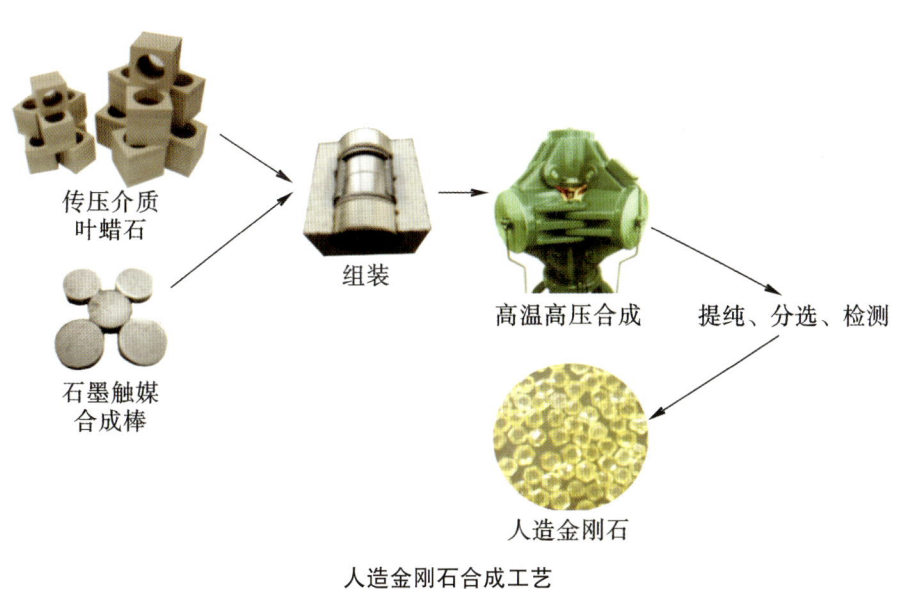

人造金刚石合成工艺

六面顶压机

中国第一台铰链式六面顶压机诞生于 1965 年 11 月。由郑州磨料磨具磨削研究所负责,科技工作者们创新性地研发出中国第一台铰链式六面顶压机(图 2.3),并正式转入工业化生产,当年人造金刚石的产量即达到 10 000 克拉。它的诞生,彻底改变了世界人造金刚石产业发展的格局,为中国超硬材料产业化奠定了坚实的装备基础。经过 60 余年的发展,中国人造金刚石从无到有、从小到大、由弱变强,我国科技工作者研发了拥有完全自主知识产权的铰链式六面顶压机合成金刚石技术,中国已成为名副其实的人造金刚石大国。

图 2.3　大国重器功勋压机

20世纪50年代欧美国家使用两面顶、苏联使用两面凹及分离球式生长金刚石磨料,中国因无大型的碳化钨压缸,只好以4个顶锤取代压缸,共有6个顶锤,简称六面顶。经过数十年的改进,最后证实中国六面顶效果最好,欧美国家放弃生长金刚石磨料,俄罗斯改向中国购买六面顶生长培育钻石。现在全球的高温高压法磨料金刚石及培育钻石95%在中国生产。

目前国内普遍应用的是多压源铰链式六面顶压机。六面顶压机的超高压合成模具由6个三维轴线互相垂直的顶锤组成,工作时顶锤向正六面体叶蜡石合成组装块的6个面加压,通过叶蜡石材料流动形成12个密封边和顶锤的6个面形成超高压合成腔体(图2.4)。

图2.4　形成超高压合成腔体

 金刚石也能"长"出来

金刚石因具有优异的综合性能而受到人们的青睐。然而,成本和尺寸是金刚石获得广泛应用的最大障碍,化学气相沉积(chemical vapor deposition,CVD)技术为人们打开了一扇窗口,使得金刚石多晶和单晶在光学、热学和力学相关领域获得广泛的应用。

化学气相沉积法是使含碳气体(如甲烷)和氢气的混合物在高温和低于标准大气压的压力下被激发分解,形成等离子态碳原子,并在基体上沉积交互生长成多晶金刚石(或控制沉积生长条件,沉积生长金刚石单晶或者准单晶)。

在过去的几十年里,大众对高温高压和化学气相沉积金刚石单晶在饰品领域的高接受度迅速推动了CVD技术的发展,技术的发展推动成本的急剧下降,并反哺于CVD金刚石在光学和散热领域的推广应用。依据CVD金刚石单晶和多晶的质量特征,及在量子计算、宽禁带半导体、光学窗口、高能探测器与散热器等多领域基础与应用研究,将CVD金刚石沉积技术的应用推进到新的阶段。

目前国内使用的CVD金刚石沉积技术主要有四种,分别是热丝化学气相沉积、直流辅助等离子体化学气相沉积、微波等离子体化学气相沉积以及直流电弧等离子体喷射化学气相沉积等。

最锋利的工业牙齿

 有了金刚钻，谁怕瓷器活儿

金刚石到底有多硬

鲁迅曾有一篇名为《风波》的小说，里面写到"六斤捧着十八个铜钉的饭碗，在土场上一瘸一拐的往来"。六斤手中的碗是有十八个铜钉的，但这铜钉不是为了装饰而是破碗补缀的证据。新中国成立前，在街头偶然会看到补碗的手艺人，将一个瓷碗的碎片一块块按原样拼拢，用细绳扎紧，然后钻孔，再用小铁锤将极小的铜码钉的钉脚打进孔，把裂缝牢牢骑住，就像做缝合手术，一个滴水不漏的破碗就可以继续使用。瓷碗表面光滑剔透的釉层是非常坚固的，钻孔、铆补实在很不容易。俗话说"没有金刚钻，别揽瓷器活"，可见瓷器的坚硬和金刚钻的高钻取能力。当然，现在的生活已经与这种手艺没多大关系了，或许在考古中还有使用。

这里所说的金刚钻就是用金刚石制作出的钻头，为什么金刚石可以轻松地在瓷器上钻出精确的孔呢？我们在日常生活和工作中一定有这样的经验，只有一种硬度更高的材料才能加工另一种硬度偏低的材料。工业上为了表明不同材料的这种性能，常用各种硬度检测方法来

矿 物	莫氏硬度
滑 石	1
石 膏	2
方解石	3
萤 石	4
磷灰石	5
正长石	6
石 英	7
黄 玉	8
刚 玉	9
金刚石	10

标定。1812年,由德国矿物学家莫斯提出了一种简易方法,将棱锥形金刚钻针刻划所试矿物的表面而产生划痕,用测得的划痕的深度区分不同矿物的硬度,即莫氏硬度。莫氏硬度是一种相对硬度,比较粗略,它选用10种自然矿物作标准,形成了莫氏硬度的10个级别,10级为硬度最高级别。

硬度顺序不表示某矿物硬度值的绝对大小,只表示硬度级别高的矿物可以刻划级别低的矿物,级别之间的绝对硬度差距也不是均等的。其他矿物的硬度与标准矿物互相刻划相比较来确定,根据实测情况,可分别用等于、大于、小于某硬度级别,莫氏硬度值或范围表示,比如我们的牙齿最硬的地方的硬度大约在6~7,钢铁的莫氏硬度为5.5~6。在莫氏硬度中,金刚石位于最硬级别。人们为了记忆方便,还编写了顺口溜:一滑二膏三方解,四萤五磷六长石;七英八黄九刚玉,唯有金刚把十冠(图3.1)。

图3.1 10种莫氏硬度标准矿物

从莫氏硬度数值上看，滑石的硬度为 1，金刚石为 10，刚玉为 9，但经显微硬度计测得的金刚石显微硬度为 10 600，为滑石的 4192 倍，为石英的 1000 倍，为刚玉的 150 倍。陶瓷的莫氏硬度约为 6.5~9.0，可见要加工硬度高的陶瓷也只能是金刚石这种材料才合适。

在现实生活中，无论是所接触到的日常生活用品还是各类工业机器零件，抑或是各种航空航天器部件，无不对材料的表面粗糙度和部件之间的配合精度提出要求，这都离不开用于切、磨、抛的各类工具。目前用于磨加工的材料（简称磨料）主要有刚玉、碳化硅、金刚石和立方氮化硼（cubic boron nitride，CBN）（图 3.2），而金刚石和立方氮化硼（合称为超硬材料）又是其中的佼佼者，其硬度对比见表 3.1。立方氮化硼的莫氏硬度在 9 以上，仅次于金刚石，而我们常见到的各种工业用钢的硬度与金刚石相比来说就显得更低。目前金刚石是自然界中发现的最硬的材料，使用金刚石来加工可以获得"削铁如泥"的效果，特别是那些易崩边、难磨削的硬脆性材料，金刚石工具则是其加工的最佳选择。

图 3.2　四种高硬度磨料

表 3.1　超硬材料与硬质材料的硬度　　　　　　单位：GPa

材料			维氏硬度	努氏硬度
超硬材料	金刚石	天然	100~100.6	90
		人造	86~101	70
	立方氮化硼		73~100	47(45~48)
硬质材料	碳化硅		28~36	24(18.75~39.8)
	刚玉		18~24	20~21

材料强度之王

金刚石不仅是自然界中硬度最高的材料,也是目前已知的强度最高的材料。材料的强度是指材料在外力作用下抵抗破坏的能力,材料的强度高就说明在大的外力作用下不易破坏(图3.3)。一般磨料级金刚石抗压强度在1.5 GPa左右,晶形完整的高品级金刚石大约为3~5 GPa。

图3.3 材料抗压强度高低比较示意图

一些实验测定值如表3.2所示。

表3.2 金刚石抗压强度测定值

试样	抗压强度平均值/GPa	抗压强度最大值/GPa
天然八面体,受压面积为1 mm^2	8.6	16
人造金刚石,受压面积6.6~7.3 mm^2	6.17	
人造金刚石,受压面积0.5~0.7 mm^2	17.4	25
对照:YG6 硬质合金	4.6	

从表中能发现不同金刚石的抗压强度测量值是有很大区别的,这与人造金刚石内部的杂质多少和检测时的受压面积大小有直接的关系。如果按5 GPa来说的话,就相当于一元硬币上可承受250 t大飞机的重量。如此高的强度也反映出金刚石可以接受外界更高的力的作用,为金刚石在高速加工领域拓展更大的空间。

金刚石磨具的微观世界

作为超硬材料的金刚石和 CBN,除了近年出现的用于饰品中的大颗粒宝石级金刚石外,从尺寸上来说,大量的是颗粒较细的粉状颗粒材料,这些是工业应用中的主力军。那么这些类如砂粒的材料是如何为我们人类服务的呢?

金刚石磨具为何方神圣

我们可以将粉状的超硬材料和膏状结合剂混合在一起,做成类似我们日常使用的牙膏一样的研磨膏,用于材料表面的研磨和抛光,实现表面的镜面加工。但工业上使用最多的是借助结合剂将超硬材料结合起来,形成我们需要的性能和固定形状,就是我们常说的磨具,像砂轮就是其中的一类产品。图 3.4 为几种不同形状的金刚石磨具。

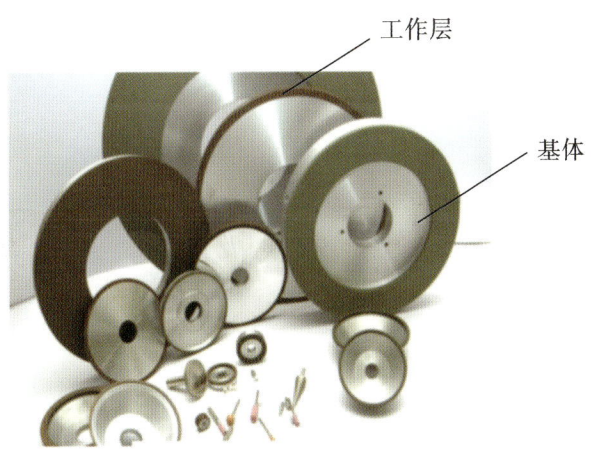

图 3.4 金刚石磨具

磨具中的工作层中含有金刚石粉末,并由性质不同、起黏结作用的材料(通常说的结合剂)结合而成,真正起到加工作用的是其中大大小小的金刚石颗粒(这个时候常叫作磨料)。结合剂有金属、陶瓷、树脂等多种类型。使用的结合剂类型不同,生产出来的磨具性能、使用条件和适用材料也有明显的不同,这也是用不同结合剂的初衷。金属结合剂主要由 Cu、Sn、Zn、Fe、Ni、Co、Cr 等成分组成,所生产出的磨具以粗、中加工为主;陶瓷结合剂主要由玻璃料、非玻璃料及着色剂等组成,在硬质合金、金刚石聚晶、碳化钛等材料的磨加工中起到了重要作用;树脂结合剂由酚醛树脂、聚酰亚胺树脂以及少量的金属氧化物、金属所组成,多用于表面粗糙度要求更好的材料的精加工。

基体作为支撑工作层,也是法兰盘固定的部位,通常用的是金属合金,如合金钢、铝合金、钛合金等。基体需要有较高的强度和较低的热膨胀性,以保证磨加工的安全性和使用性为主。

个别的磨具在工作层和基体之间还会有一层过渡层,主要是为了保证工作层与基体的牢固结合。实际上早期的磨具多数是有过渡层的,但随着磨具制造水平的提高以及生产成本和效率的要求,现在使用过渡层的磨具反而变成了少数。

尽管磨具的几个不同部分是一个有机体,共同完成各自的使命才能实现理想的加工效果,但相比之下工作层部分显得更加重要。

磨具的微观结构

如果我们把工作层放大放大再放大,可以看到其内部结构通常是由三部分(通常称作三要素)组成:磨料(金刚石或 CBN)、结合剂和隙孔(图3.5)。实际上由于制作金刚石磨具使用材料和方法的不同,内部结构还是有所区别的,图3.6 就是不同类型结合剂所生产的磨具组织特点。

黄色——金刚石磨粒;蓝色——结合剂;白色——隙孔

图3.5 金刚石磨具内部结构示意图

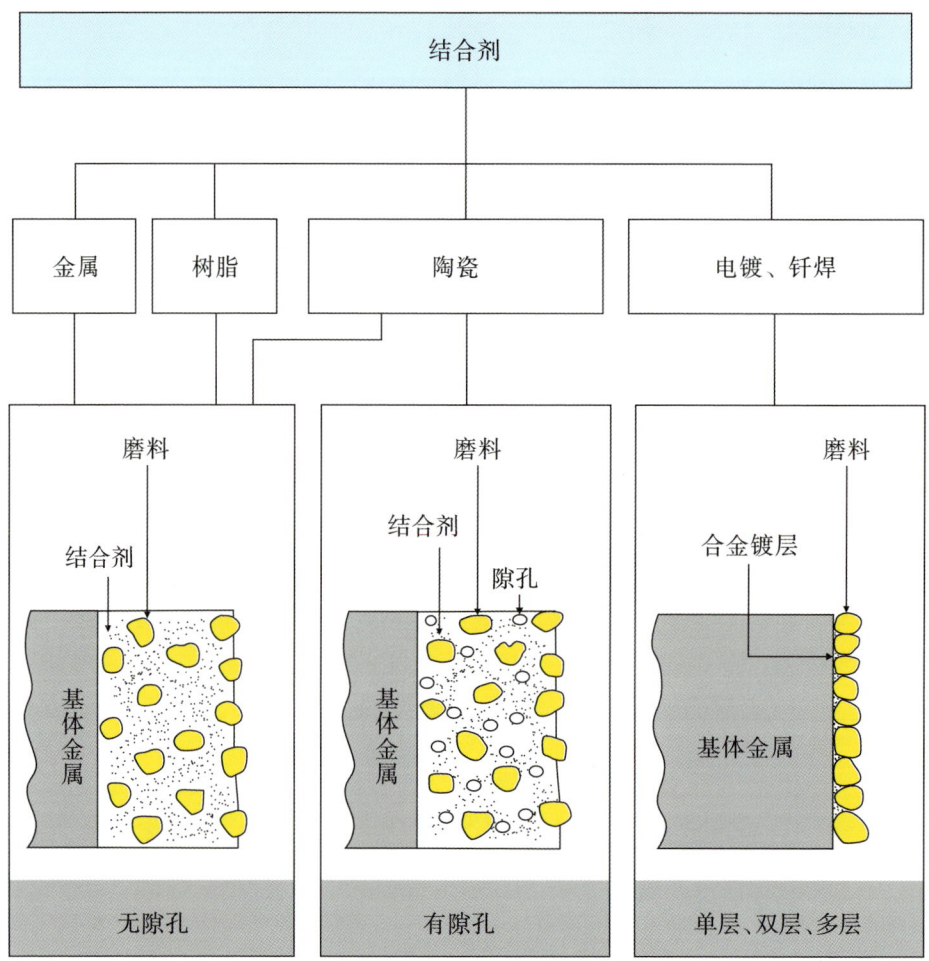

图 3.6　不同类型结合剂所生产的磨具组织特点

除了陶瓷结合剂外,其他几种结合剂制造的磨具几乎不存在隙孔。为什么要有隙孔呢? 磨具内有隙孔可以在磨削时将磨掉的屑临时存到隙孔里,避免将工具划伤,隙孔里的磨削液也可以在磨削时起到冷却作用,要知道磨削刃瞬时最高温度甚至可以达到上千摄氏度(图3.7),这对我们要加工的材料可没有好处。当然,隙孔的存在会影响磨具中结合剂对磨料的黏结牢固程度,所以生产很少隙孔或没有隙孔的磨具是考虑到磨具使用寿命而采取的办法之一,例如有些对磨具磨损严重的材料加工和粗加工工序就需要重点考虑磨具使用寿命。

在金刚石磨具或其他制品中用金刚石浓度来表示金刚石用量的多少。或许你会偶然听到专业人士讲到磨具中金刚石浓度是125%,按常规思维是不可能的,但金刚石浓度有专属的特殊规定,把在工作层中金刚石占工作层体积25%时的金刚石浓度规定为100%,其他依此类推,这样金刚石浓度125%也就不足为奇了,甚至可以达到200%。

图3.7　磨削加工

磨具是如何生产的

不同类结合剂的磨具具体是如何生产出来的呢？对于树脂结合剂、陶瓷结合剂和烧结类的金属结合剂（常常单独称为金属结合剂），磨具基本生产流程如图3.8所示。经过原料（包括金刚石）及组成比例的优选，再经过混料机使它们混合均匀后在冷压机或热压机上压制成型，然后借助于炉内加热，在一定温度下原料之间将发生反应或合金化等物理化学变化，获得与金刚石结合强度高的半成品。图中所说的热处理实际上对于不同类型的结合剂是不一样的，金属结合剂对应高温烧结过程，树脂结合剂对应温度较低的硬化过程，陶瓷结合剂则对应烧成工艺，都是在与结合剂匹配的温度下进行的。

为了获得更高的精度和产品商品化，还要经过后期的车削加工、磨削加工、打标、喷漆、包装等过程，经过这样的处理，磨具就可以走入市场。经过合理的配方设计和严格的生产工艺控制，可以生产出市场需要的各种款式和性能的金刚石磨具，满足材料的粗磨和精磨的不同粗糙度要求及不同形状和部位的磨削加工需要。

原料　　　　　　　　混料　　　　　　　　压制成型

图3.8　金刚石磨具生产流程示意

细心的你一定发现还有两类结合剂,即电镀结合剂和钎焊结合剂。严格来说这两类也都属于金属结合剂的范畴,只是由于工艺差别较大,习惯性给它们起了专有的名字。以电镀方式生产金刚石产品,是通过电解槽将磨具基体作为阴极,在需要有金刚石的基体表面预先布上金刚石粉,在电极间通电的情况下,使作为阳极的金属失去电子转移到电解液中并与电解液里其他阳离子一起在基体上沉积结晶下来,将预先放置的与基体接触的金刚石磨料固结牢固。钎焊是金属结合剂形成的另一种措施,大家一定见过焊接,钎焊也是焊接的一种方式,是将作为结合剂的特制金属合金粉(此处叫焊料)熔化,从而将金刚石料黏结起来的一种工艺,通常在真空炉内完成熔化黏结。从产品表面来看类似于电镀结合剂制品,但电镀产品是低温电沉积来结合金刚石,钎焊产品是通过高温熔化钎料来实现。电镀产品可以做到高精度,而钎焊产品目前还是以粗加工应用为主,重在效率。

热处理　　　　　　　　后加工　　　　　　　　成品

形形色色的磨抛神器

你喜欢光滑还是粗糙

在生活中,所看到的几乎每一件物品,人们都对其表面光滑度有要求。我们购买手镯时你要看光滑度(图3.9);我们脚下的地砖,有的希望光亮如镜,有的需要增加摩擦。工业生产中各式各样的零部件之间接触时,不可避免存在摩擦或磨损,如轴承(图3.10)。这个摩擦或磨损现象,造成了巨大的能源浪费和环境污染。

图3.9　玉镯

图3.10　工业轴承

太多的零部件需要极光滑的表面,像微机电系统、微发电机、电接触关键元器件、光学平台、精密轴承、微纳传感器、下一代存储器等。当然,就像上面说的地砖一样,工业上也不都是越光滑越好,如手机的磨砂面、手持的握柄等。

反映材料表面的光滑程度的专业术语是粗糙度,粗糙度越小,表面越光滑(图 3.11)。要实现不同需求的粗糙度,主要靠不同特征的磨具来完成,磨具中的金刚石粒度大小起着关键作用。金刚石粒度越粗,加工出的材料表面粗糙度越差,表面就越不光滑,相反则材料表面越光滑。很明显,用粗粒度还是细粒度的金刚石,这就要看需要加工出的材料表面是要粗糙些还是光滑些,但要明确,粒度越细,磨加工的效率会越低。工业上的粗糙度有多种表示方法,其中最常见的是用 Ra 表示,考虑到不同结合剂的结合强度,各种结合剂均有它的最佳粒度范围,太粗或太细均不利于其磨削加工。依照我国现行金刚石粒度标准,通常的粗精磨加工,树脂结合剂磨具选用粒度为100/120 以细,粒度太粗时树脂结合剂把持不住金刚石,会造成磨料过早脱落,不利于磨具寿命;金属结合剂磨具选用粒度为 70/80～230/270;陶瓷结合剂磨具处于二者之间。另外,由于树脂结合剂有一定弹性,同一粗糙度要求下,其磨料粒度可适当选得粗一些。

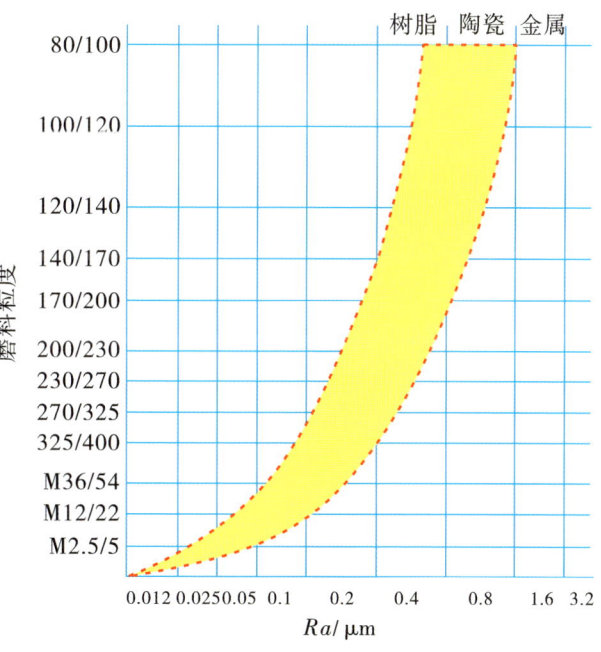

图 3.11 磨料粒度与加工表面粗糙度的关系

磨具万花筒

金刚石磨具种类繁多,我们在这里仅以外形为分类依据展示给大家。一般我们在生活中看到的多数是普通砂轮,是用刚玉或 SiC 作磨料制造的磨具。金刚石磨具价格高,在日常民用时与普通磨具相比性价比不高,但当表面质量要求很高、加工特别硬的材料及工业上大批零部件加工时,就显示出金刚石磨具的优势了,其加工质量好,效率高,综合成本低,寿命长。

最简单的要数平形砂轮(图 3.12),可以实现材料平面、外圆和内圆磨削,在超硬磨具分类中属于通用磨具类。除平形砂轮外,还有碟形砂轮(图 3.13)、杯形砂轮(图 3.14)、碗形砂轮(图 3.15)等。

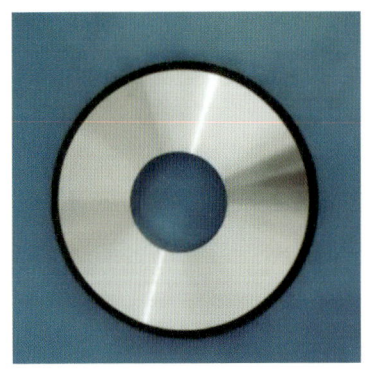

图 3.12　平形砂轮

图 3.13　碟形砂轮

图 3.14　杯形砂轮

图 3.15　碗形砂轮

不同形状的金刚石磨具可以实现对材料的平面、内外圆、边沿轮廓、端角等部分的磨削加工,配合不同结合剂和金刚石磨料可以实现不同表面质量要求的加工。除此之外,还有大量的专用砂轮和非标准特殊用途磨具,如磨边砂轮、用于修整砂轮的金刚石修整滚轮、磨加工光学透镜精磨丸片、用于钢和铸铁内孔精加工的超硬材料珩磨油石及用于石材等非金属表面抛光的软磨片等(图 3.16 ~ 图 3.20)。

玻璃磨边轮

石材磨边和定形轮

图 3.16　磨边砂轮

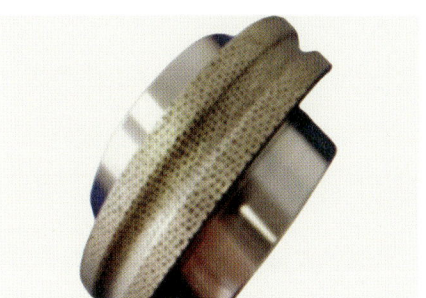
图 3.17　金刚石修整滚轮

图 3.18　金刚石精磨丸片

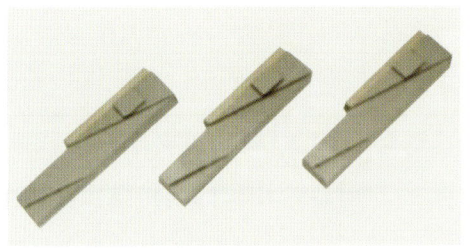
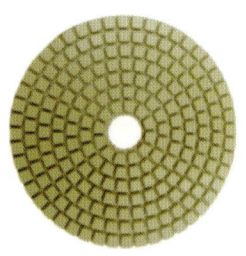

图 3.19　超硬材料珩磨油石　　　图 3.20　金刚石软磨片

此处仅仅是列举了部分具有代表性的产品,实际应用的金刚石磨具如果细分的话,估计需要整本书来表述,并且随着应用范围的扩大,不断有新的规格和特殊形状的产品出现,让人眼花缭乱。

 半导体晶片加工的最佳工具

说起晶片,我们每个人的日常生活都离不开,我们使用的手机、平板、电视、电脑、扫地机、洗衣机、空调等,都有与这种材料相关的芯片。众所周知,半导体在现代社会无处不在,半导体产业也是最重要的产业之一。一种叫作晶圆的材料在产业中扮演着举足轻重的地位,是制造半导体器件和芯片的载体,超大规模集成电路芯片(常简称为芯片)是在晶圆的基础上生产出来的。

晶圆(片)材料需要有严格的电学性能,目前适合于制作半导体芯片的材料主要是一些高硬高脆的非金属或化合物材料,像 Si、SiC、GaN、金刚石以及 GaAs、LiTaO$_3$ 化合物等都是很好的半导体材料,但当今最重要、应用最广泛的半导体材料要数硅了。硅的存在形式有多晶硅和单晶硅(图 3.21),多晶硅用铸造法来生

产,晶体缺陷比较多,杂质也多,但利用率高,成本低,可以做更大的规格,大量应用于光伏行业。单晶硅是利用多晶硅拉拔生长来制作的,纯度高,性能好,但成本也高,典型的应用是高性能芯片生产,当然也可以用在光伏行业。

多晶硅　　　　　　　　　　　单晶硅

图 3.21　单晶硅与多晶硅

无论是单晶硅还是多晶硅,都是高脆高硬材料(莫氏硬度为 7),切割的时候很容易发生断裂,加工过程中产生缺陷的原因非常复杂,比金属材料更难加工。硅材料在实际加工过程中容易产生微裂纹,微裂纹的产生将降低硅材料的强度。随着切割过程中的机械振动,很容易在切割的部位发生断裂破坏,严重影响到硅片最终的质量。金刚石拥有锋利的切割刃并能长时间保持小的磨削力,使用金刚石工具可保障硅晶片加工的质量稳定性和一致性。

现在大多数晶圆厂(严格来说就是集成电路生产厂)所生产的产品实际上包括两大部分:晶圆和芯片,晶圆是一片像镜子一样光滑的圆形薄片。晶圆在生产过程中经过对硅提炼、拉拔、截断、滚磨、切片、倒角、抛光、激光刻、包装等工序后成为集成电路工厂所需的基本原料。在芯片整个生产过程中,许多工序均需要配备不同的金刚石工具来完成(表3.3)。从表中可以看到,在整个单晶硅和多晶硅从晶棒(晶锭)到芯片的制备过程中,许多工序均需要配备不同的金刚石工具来完成,而且加工的精度要求高,特别是切方、切片、磨抛、划片等重要环节。

表3.3 硅晶片生产过程中使用的金刚石工具

加工工序	金刚石工具	工具特征
裁切	金刚石圆锯片,金刚石带锯	ϕ200~600 mm 圆锯片或者厚度 0.5~1 mm 电镀带锯条
滚圆	金刚石砂轮	ϕ300~400 mm 金刚石平形砂轮,金刚石粒度 250#
切方	金刚石圆锯片,金刚石线锯	ϕ200~600 mm 圆锯片或者线径 0.33~0.37 mm 金刚石线锯
减薄	金刚石砂轮	金属或树脂结合剂砂轮,ϕ150~250 mm,粒度 400#金刚石碗形研磨减薄砂轮
切片	金刚石内圆切割片,金刚石线锯	厚度 0.3 mm 左右的电镀内圆锯片,或者线径 0.12~0.16 mm 金刚石线锯
倒角	金刚石砂轮	金刚石粒度 250#左右树脂或金属结合剂砂轮
磨抛	金刚石砂轮	树脂结合剂砂轮、抛光液,粗抛时金刚石粒度用 2000#,精抛时使用 8000#甚至 20000#
划片	金刚石超薄切割片	厚度 0.15~0.10 mm 电镀切割片或厚度 0.10~0.50 mm 金属热压切割片

金刚石线锯(简称金刚线,图3.22)在硅片加工中占着重要的比例,在切割成本、环境友好性等方面都有不可替代的优势,特别是硅晶锭切方、晶圆切片阶段,完全代替了过去的钢线(图3.23)。以单晶为例,金刚线切割成本较传统钢线砂浆切片可降低约20%;金刚线使用水基磨削液(主要是

水),有利于改善作业环境,同时简化洗净等后道加工程序;材料损耗少、可切割更薄的切片,出片率高;金刚线切割设备的资金占用、空间占用、人力和电力占用均有下降,整个生产流程更加简化,从而降低运营成本。

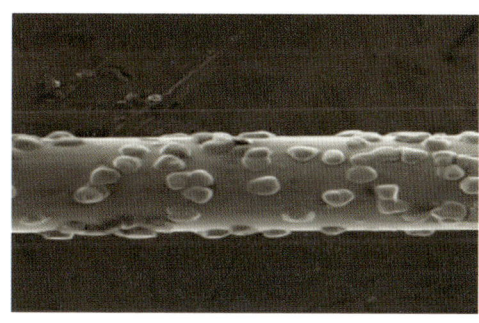

金刚线　　　　　　　　　　　金刚线局部放大图

图 3.22　金刚石线锯

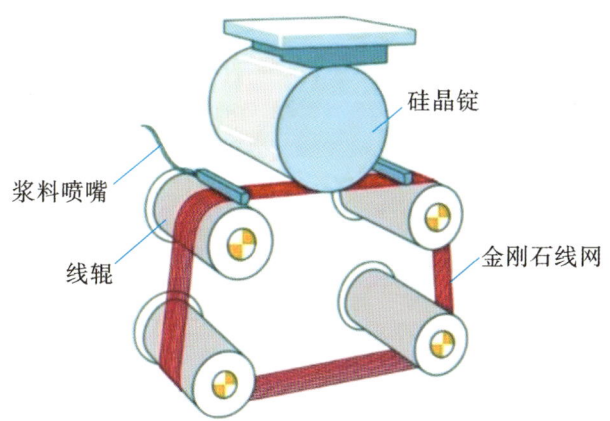

图 3.23　金刚石线锯切割硅晶锭示意图

硅棒经过切片工艺形成最初的晶片材料(图 3.24),此时晶片表面粗糙度和厚度都不符合要求,需要在减薄设备上对晶圆进行减薄磨削,获得所需要的晶圆尺寸精度。去除硅材质的过程中降低损伤层厚度,减小残余应力是减薄工艺的重要控制指标。随着制造技术的升级、导线与栅极尺寸的缩小,光刻技术对晶圆表面的平坦程度的要求越来越高。在减薄原始切片时,几种金刚石砂轮都可以使用,根据粗糙度不同来选用金属结合剂、树脂结合剂砂轮。随着晶圆直径的增加,芯片生产过程中要经历几百道大大小小的工序,在工序间传递时,只能采用一定厚度的晶片。这样在集成电路封装前,就需要对晶片背面多余的基体材料进行减薄,减薄砂轮也是此时的重要磨削工具。目前我国金刚石减薄砂轮(图 3.25)可以做到粒度 2000#,国际先进水平可以做到粒度 20000#,但我们的金刚石工具在硅晶圆加工上和芯片一样,正在奋力追赶。单纯用机械磨抛的方法是不能达到晶圆的表面粗糙度要求的,现在晶圆最后的处理通常用化学机械法,使用金刚石纳米抛光液。

图 3.24　硅晶片

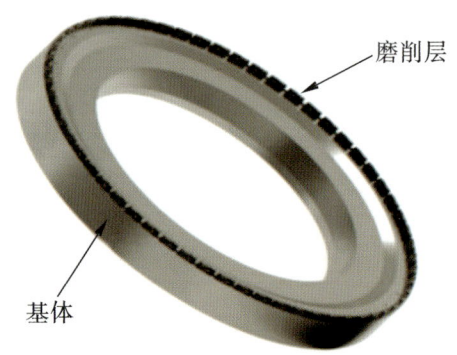

图 3.25　金刚石晶圆减薄砂轮

在芯片生产过程中,当在硅晶圆上蚀刻晶体管完成后,就要将晶圆上每一颗具有独立性能的单元分离出来,这个分离过程叫作划片(图 3.26),使用的工具就是划片刀(图 3.27)。机械式金刚石刀片是硅晶划片的主流工具。超薄、超锋利的金刚石划片刀在划片时可以最大限度地降低受力,并适应更窄的划道,提高芯片的成品率。超薄划片刀是由金刚石和黏结剂组成的一个圆环薄片,厚度在 0.015～0.3 mm,可分为电镀结合剂刀片、金属结合剂刀片和树脂结合剂刀片。其中金属结合剂刀片和树脂结合剂刀片的厚度为 0.1～0.3 mm,电镀结合剂刀片的厚度为 0.015～0.1 mm。

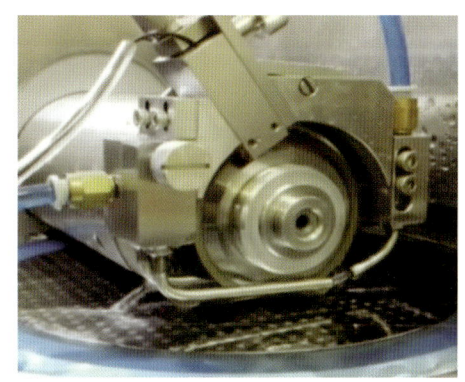

图 3.26 晶圆划片

金刚石划片刀以 3×10^4～5×10^4 r/min 的高转速切割晶圆,同时,承载着晶圆的工作台以一定的速度沿切道方向直线运动,切割晶圆产生的碎屑被冷却水及刀片的容屑槽带走。

轮毂式硅晶圆划片刀　　　　　　无轮毂式金属和电镀半导体划刀片

图 3.27 划片刀

上面说的主要是硅晶圆的加工应用,但不仅限于此,金刚石工具在第三代半导体材料 SiC 及 GaN 的加工中同样是最佳工具,如采用纳米金刚石抛光液,通过环抛对 SiC 晶圆进行精抛光,可获得粗糙度为 0.327 nm 的高表面质量单晶 SiC 晶圆。

 "基建狂魔"的最佳利器

一个国家的基础设施建设直接关系到人们的生活质量,它是经济社会发展的重要支撑,加快基础设施建设也是国家长远发展的重要举措。我国在基建和工业制造方面突飞猛进,基建内容包罗万象,本节仅说说建材行业与金刚石之间的事。

陶瓷砖的"造型师"

我们知道,在建材行业中除了金属管线材外,使用最多的是混凝土、石材、陶瓷等这些非金属材料,都是"硬骨头"难加工材料。陶瓷砖应该是人们用到最多的了,那就先来说说脚下的陶瓷砖吧!陶瓷砖是由黏土和其他无机非金属原料经室温下压制成型、干燥、烧制、加工而成的用于覆盖墙面和地面的薄板制品。陶瓷砖种类繁多,从材质上又有瓷质砖(也称玻化砖)、半瓷质砖和陶质砖之分。瓷质砖用量最大,不仅具有天然石材的质感,更具有高光滑度、高耐磨度、高强度的特性,同时还有规格多样和色彩丰富的特点。由于它是由无数石英晶粒和莫来石晶粒组成,这些晶粒和玻璃体有很高的强度和硬度,并且相互间有高的结合强度,耐用度高,这种特性也给抛光砖(瓷质砖的一种产品)的加工增加了难度,好在我们有它的克星——自然界最硬的金刚石。

抛光砖通常的生产流程为：原材料—配料与球磨—成型—干燥—烧成—烧后处理—成品，烧后处理是保证陶瓷砖尺寸、外形、表面平整度、表面粗糙度的重要工序，具体包含刮平定厚、磨光、磨边和切割，这是金刚石工具的主要战场。

陶瓷砖在烧成后会有不同程度的变形以及表面出现结疤、硬化等现象，为减少后续抛光量，需要将表层磨除并使厚度接近产品要求。金刚石滚筒（图3.28）是用于陶瓷、石材等各类建筑材料表面磨平和定厚加工的专用金刚石工具，通过滚筒对建筑材料表面铣磨来完成表面加工。在直径和长度方向上，将金刚石节块（由金刚石和金属合金粉末生产出的类长条形块）呈螺旋形刀线焊接在无缝钢管表面，制成金刚石滚筒。这种大尺寸滚筒的售价曾经是近万元一个，现在的成本已经大大降低。

图3.28　金刚石滚筒

在刮平机运行时，金刚石滚筒与陶瓷砖是线接触，金刚石滚筒在高速旋转的同时沿砖表面来回摆动，消除金刚石滚筒在砖表面留下的刀纹，从而达到粗抛效果。市场上提供的刮平机有多种滚筒数量可选，滚筒长度600 mm到1200 mm不等，常见的有四头刮平机（图3.29）等。

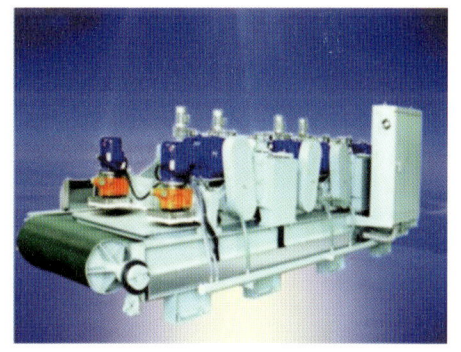

图3.29　四头刮平机

陶瓷砖刮平仅仅算是粗加工,其表面还需要搭配不同粒度的金刚石磨具进行逐级抛光,才能获得优良的光泽度。金属结合剂和树脂结合剂金刚石布拉磨块(图3.30),分别适合于粗中和中精抛光。金刚石磨块在磨削效率、磨削效果、先进性、经济性等方面堪称完美。饰面装修讲究的是美观,就需要瓷砖有标准一致的尺寸,利于施工。陶瓷砖切边同样要用到金刚石锯片(图3.31),通常是中小型直径锯片为多,家装师傅用的都是小规格的圆锯片。这种切边锯片非常重要的指标是锋利性,不能出现崩边现象。我国生产的切边锯片靠结构科学和工艺精准加持,完全可以满足市场需要,并大量出口世界各地。

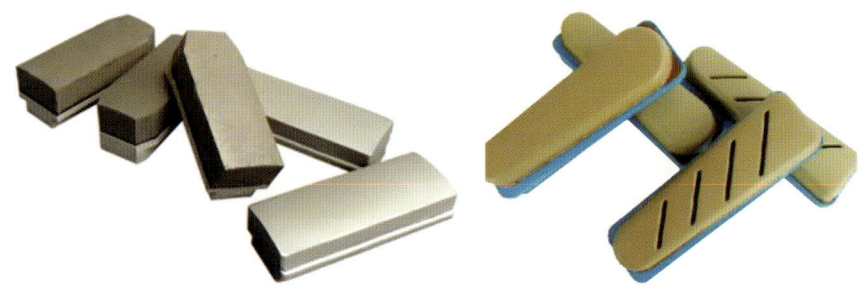

金属结合剂磨块　　　　　　　树脂结合剂磨块

图 3.30　金刚石布拉磨块

图 3.31　陶瓷砖金刚石锯片

石材的"克星"

我们口中的石头现在已成为建筑行业越来越重要的材料——石材。最典型的大理石和花岗岩石材,都是坚硬、耐磨、难加工材料,名胜古迹、机场、车站、市政设施、大型商业建筑等场所都在大量使用着石材。过去我们可能看到最多的是用石头破碎成的石子,而现在随着金刚石工具的出现,大大小小的石板成了人们可以看得见的石料,如室内外地面的石块料和石板、建筑外墙装饰石板、路缘石、盲道石、石材雕刻艺术品等。与陶瓷砖不同的是,石材是天然的,需要从矿山上开采。金刚石绳锯和金刚石矿山圆锯是获取石材荒料最常用的工具,两者通常配合使用。在金刚石工具出现之前,采用打眼放炮的方式来取石料,荒料率很低,严重浪费资源。金刚石工具的应用则完全颠覆了这一古老的方式,荒料可以按要求完整地切割下来,加快了资源的开采。图3.32为两种方法获取的荒料对比图。

爆破法开采的荒料　　　　金刚石绳锯开采的荒料

图3.32　石材荒料

对比两种方法获取的荒料,很明显金刚石绳锯开采的荒料率更高。一块走向市场消费的石材,通常要经过矿山开采荒料、切板、磨抛、切边等多道加工工序,在这些所有工序中,没有一道工序能离开金刚石工具,可以这么说,没有金刚石工具就没有现在的石材行业的发展。

石材荒料在开采时所用的工具有金刚石绳锯(图3.33)和金刚石矿山圆锯片(图3.34),单条和单片使用。金刚石绳锯是由若干个金刚石串珠串联并固定到钢丝绳上来完成的,可以用于矿山开采石材,也可以用于切割异形材料(图3.35);矿山圆锯片是将似长条形金刚石节块焊接到金属圆形基体周边而生产出来,最大直径可以达到5 m。在石材加工中也有尺寸小的金刚石圆锯片,生产方法与大锯片类似,主要用于石材板材切割、石材切边。在钢筋混凝土、路面改造、旧房修缮等方面也大量使用这类锯片,从表面上看只是大小不一样,实际上大小不同的锯片生产时会因切割材质、切割厚度、切割精度、切割参数等的不同而使用不同的配方和制造工艺。

图3.33　金刚石绳锯及配套部件　　　图3.34　切割中的金刚石矿山圆锯片

金刚石绳锯切割矿山荒料　　　　　金刚石绳锯切割成的异形石材

图3.35　金刚石绳锯的用途

金刚石工具在使用中,不仅可以单根或单片使用,也可以组合成组整体切割,来实现更高的切割效率。除了圆锯片实行组合锯切外,还有一种金刚石排锯,其结构类似于我们的金属锯条,只是把锯齿换成金刚石节块了。图3.36为几种锯的组合切割,可切割到5~10 mm厚度的石材薄片。板材越薄,一块荒料的出材量会越大,成本越低,当然石材的厚度是根据使用时要承受的力的大小来定,不是一味地减薄。

金刚石组合圆锯

金刚石排锯

金刚石绳锯

图3.36　金刚石组合锯切割石材毛板

中小型金刚石圆锯片主要用于不太厚的石材切断和切边,保证尺寸和边沿的整齐。这种金刚石锯片有的属于通用性锯片,既可以切割石材也可以用于瓷砖加工,但多数还是有针对性的,以适应不同的加工材质。图 3.37 至图 3.40 是几种典型的中小型圆锯片的应用实例。

图 3.37　金刚石单片锯切石材毛板

图 3.38　金刚石锯切路缘石

图 3.39　石材工艺品加工

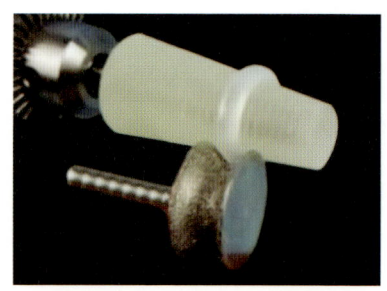

图 3.40　玉石手镯打磨

石材切割通常要进行表面的打磨和抛光（要求防滑时除外），包括粗磨、半精磨、精磨和抛光，使装饰石材表面具有良好的光泽度，并使石材固有的花纹色泽最大限度地显示出来。磨抛过程有专用的磨抛工具（图3.41），可以使用粒度不同的磨盘依次排列来完成。如磨硬的花岗岩板，可以采用六套磨具完成，前两个进行定位磨削，起到找平和控制厚度作用，后面进行粗磨、精磨、研磨、抛光程序，一套连续磨抛过程可能需要十几种粒度不同的磨具。磨抛工序并不是一成不变的，不同的公司会因设备、材质、光泽度要求等不同而采用不同的磨抛工序，有的板材还需要重复进行。通常粗磨使用金属结合剂磨具，细磨采用树脂结合剂磨具，抛光可以用金刚石磨料或普通磨料。

图 3.41 几种金刚石磨抛工具

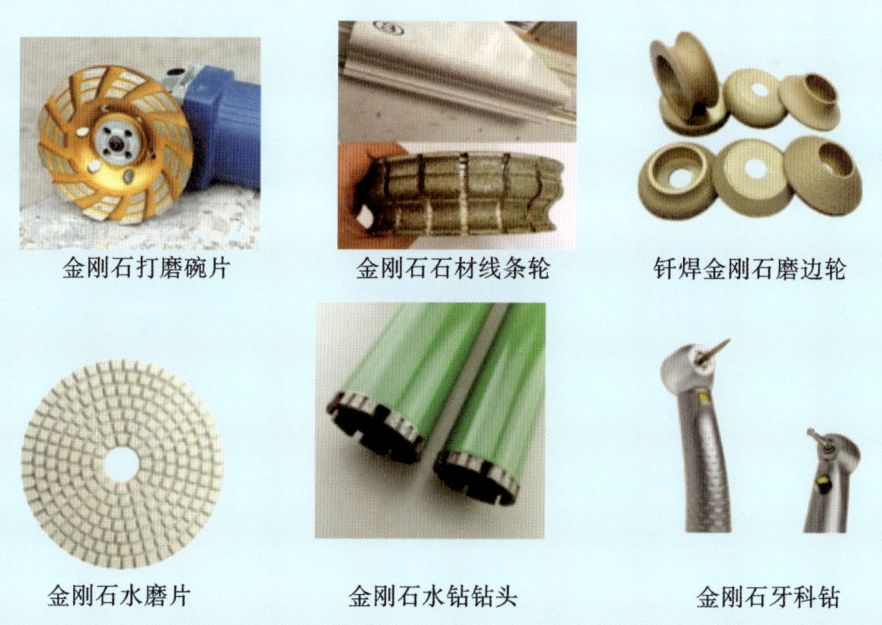

大型建筑的"美容师"

金刚石工具同样大量用于水泥、混凝土、砖的切磨钻抛加工中。比如空调外机安装时的打孔、烟机排烟通道打孔,用的就是金刚石钻头;桥梁的切割与房屋改造可以用金刚石锯片和金刚石绳锯(图3.42)。地面的抛光、切割等,只是根据配方工艺需要调整来适应新的耐磨材料(图3.43)。

港口码头切割　　　　　大型公共建筑切割

水库坝体切割　　　　　大型桥梁切割

图3.42　金刚石工具在桥梁与堤坝建设中的应用

室内地面抛光　　　　　飞机跑道防滑线切割

图3.43　地面抛光与切割

撬开星球奥秘之门

地外星球探秘

浩瀚的宇宙一直是我们人类探索的目标，从地外天体直接采集样本，把采集到的样品带回地球，可以使科学家获得第一手宝贵研究资料。我国科学家仅利用1978年美国赠送的0.5 g月球岩石样本就发表了14篇论文，可见月球岩石样本的分量。尽管到目前为止人类唯一载人登陆过的外星球只有距离地球最近的月球，但人类探索宇宙的步伐从未停歇，人类已对月球、小行星、彗星甚至太阳进行了无人采样返回探测，还利用阿波罗号载人飞船对月球进行了有人采样返回探测。

我国探索宇宙的脚步一直没有停歇，2020年11月24日，我国发射了嫦娥五号月球探测器。在探月过程中，一个重要的任务就是钻头钻探取样。在月球上钻取岩样，因其超真空环境加上恶劣的环境温度及许多的不确定因素，对钻采方法和工具要求极其严格。

苏联于 1972 年发射的月球 20 号由于遇上了玄武岩,只从月球阿波罗尼厄斯高地采集到了 55 g 月球岩石样品。我国超硬材料行业专家针对嫦娥五号不能移动的特点,提供了一套钻进能力强、取芯捕获率高、排粉能力强、月壤适应性强的"金刚钻"钻取系统。这套钻头结构采用渐阔锥形排粉槽通道的双排钻牙阶梯构型,具备多个切削面,保证了钻取过程中能够拨动、突破临界颗粒与颗粒集群并能大幅提高排粉性能,具有刻取 8 级硬度岩石的能力。2020 年 12 月 2 日,金刚石取芯钻头顺利钻进月面,成功钻取月岩,为科学研究提供了 1731 g 月球岩石样品(图 3.44)。

"金刚钻"取样

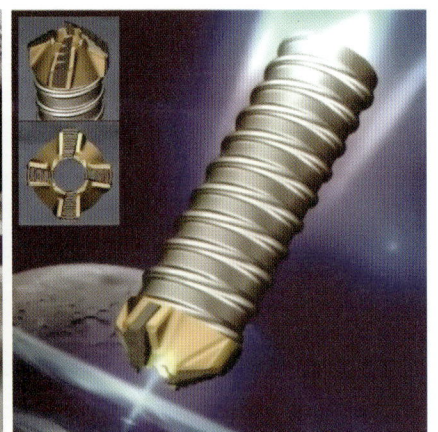
"金刚钻"取芯钻头

图 3.44 嫦娥五号上的"金刚钻"示意图

地球矿产勘探

地外星球采样是航天最复杂的任务,这就导致试样的珍贵,有人说 1 g 月岩的成本是 1 g 天然金刚石的 35 倍以上,毕竟我们进行地外星球开采的次数是很有限的,而我们赖以生存的地球仍有大量未知资源需要去探明,如我们到哪里能找到矿藏、石油、天然气及如何探明其储量等。地矿勘探会遇到各种坚硬的岩石,随着井深不断增加和复杂地层的出现,钻井更加困难,这就对钻头的耐用度、钻进速度等有更高的要求,作为自然界最硬的金刚石,在矿床勘探、水文水井钻探及工程地质勘探、工程施工钻探、油气井钻探等方面有着无可代替的作用。

地质石油钻头有钢粒钻头、硬质合金钻头、牙轮钻头、金刚石钻头等,但金刚石钻头有明显的钻进优势:

(1)可以钻进 10 级以上的岩层,适应复杂变化的地质岩石。很多地下岩层种类是未知的,只有用更硬的钻头才能更好地钻进各类岩层。

(2)岩芯采取率高。岩芯是从钻孔内取出的圆柱状岩石样品,是研究和了解地下地质和矿产情况的重要实物材料。岩芯采取率是指所取岩芯总长度与本回次进尺的百分比。钻进过程中,岩芯需要不断地从井下提取上来,用于分析。可用的岩芯越多,采取率就越高,这也是勘探工作者的希望。图3.45为我国某地质勘探项目所获得的铁矿岩芯。

(3)节约钢材,提高开采效率。使用金刚石钻头地质钻进时,都是采用的小口径(钻头直径76 mm以下的)高速钻进工艺,与传统钻进相比,不需要大量的钻杆钢材,并且转速可达上千转,降低了成本,提高了资源开采速度。

(4)钻头寿命长,降低起钻次数,缩短工程进度。郑州探矿机械厂研制的直径56 mm天然表镶金刚石钻头(粒度为30~40粒/克拉),在冰碛砾岩、砂质板状页岩、碳质页岩及砾石砂岩中钻井时,一个金刚石钻头进尺609.8 m。高的寿命自然就减少了更换钻头的次数,时间效率大大提高。

图3.45 我国某地质勘探项目所获得的铁矿岩芯

金刚石钻头

金刚石钻头的分类很复杂,有多种不同的分类方式:

按金刚石在钻头上分布特点可分为表镶钻头和孕镶钻头。表镶钻头是在钻头胎体表面分布一定规律的金刚石颗粒或金刚石聚晶,孕镶钻头则在钻头整个胎体中均有金刚石颗粒存在,即使到胎体全部磨完时都有新出露的金刚石进行工作。生产金刚石钻头的方法也有多种,主要有电镀法、钎焊法、热压法等。

电镀金刚石钻头　　　　　　钎焊金刚石钻头

按钻进时是否取芯可分为取芯钻头和全面钻进钻头。像我们前面谈到的月岩采样的"金刚钻"就是取芯钻头的一种,因为需要用岩芯进行科学分析,而全面钻进钻头则不需要钻取岩芯。常规地质钻探使用岩芯钻机,可以获取全部的岩芯,但是钻孔直径小,最深不超过3000 m;而石油钻探技术则主要使用全面钻进钻头,可以钻得很深(可超过 10 000 m),但是取回的岩芯很少,一般不超过5%。

 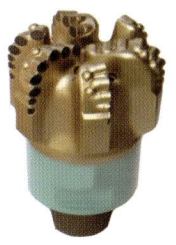

金刚石取芯钻头　　　　　　金刚石全面钻进钻头

世界上垂直距离上最深的是苏联的科拉超深钻孔,深达 12 262 m,俄罗斯在其基础上,建立了世界上第一个专门研究古地壳结构的地学实验室。中国科学家除了参加国际大陆钻探项目外,在中国大陆科学钻探工程中也收获了大量的经验和成绩。科钻一井 2005 年 4 月完钻时,终孔深度达 5158 m,是具有全球地学意义的超高压变质带实施的第一口 5000 m 级科学深钻,现在是中国大陆科学钻探工程长期观测站。此井在钻进过程中遇到的岩石主要是片麻岩和榴辉岩,这两种岩石是原有岩石在地壳极大的压力下变质形成的,十分坚硬,难以钻进。所以,要求钻头的硬度要高,耐磨性要好。钻进工艺采用了以薄壁孕镶金刚石取芯钻头为主的金刚石绳索取芯钻进工艺方法,保证了科学研究所需要的更好的岩芯(图 3.46)。

图 3.46　科钻一井使用的不同规格的金刚石钻头

2020年10月,中国石化顺北53-2H井使用组合钻头、异型齿金刚石钻头等组合钻头钻进,在地下地质条件复杂、可钻性极差的情况下,完钻井深8874.4 m,刷新当时亚洲陆上最深定向井纪录。2022年6月,四川盆地的双鱼001-H6井钻井深度达9010 m,让我国深井钻井再上新台阶。

无论是地面坑道的钻进还是超深井的钻探,金刚石钻头都是非常重要的钻进工具。现在在城市地铁隧道、公路隧道、高速公路隧道等开挖的盾构机刀盘上,也进行了大量的金刚石刀具研究。我们相信,未来金刚石钻头的应用领域会越来越广。

"削铁如泥"的金刚石刀具

刀具是日常生活的必需工具之一,但用过金刚石刀具的人恐怕就寥寥无几了,不过你一定听说过玻璃刀,它算是最早使用的一种基础金刚石刀具。要说玻璃刀是如何划破玻璃的,就是利用了金刚石的高硬度和锋利的棱角特点。玻璃刀上的金刚石棱可轻易在玻璃上刻划出一条划痕,由于刀具很锋利,这个划痕底部槽很尖,在受力的情况下槽底会产生很大的应力集中,用很小的外力就可以将脆性玻璃从划痕处给断开。这只是一个小小的用例。

金刚石作为一种超硬刀具材料应用于切削加工已有数百年历史。在刀具发展历程中,从 19 世纪末到 20 世纪中期,刀具材料以高速钢为主要代表;1927 年,德国首先研制出硬质合金刀具材料并获得广泛应用;20 世纪 50 年代,瑞典和美国分别合成出人造金刚石,切削刀具从此步入以超硬材料为代表的时期。20 世纪 70 年代,人们利用高压合成技术合成了聚晶金刚石,解决了天然金刚石数量稀少、价格昂贵的问题,使金刚石刀具广泛应用于精密器械加工、汽车零部件制造、航空航天、电子工业等领域(图 3.47)。

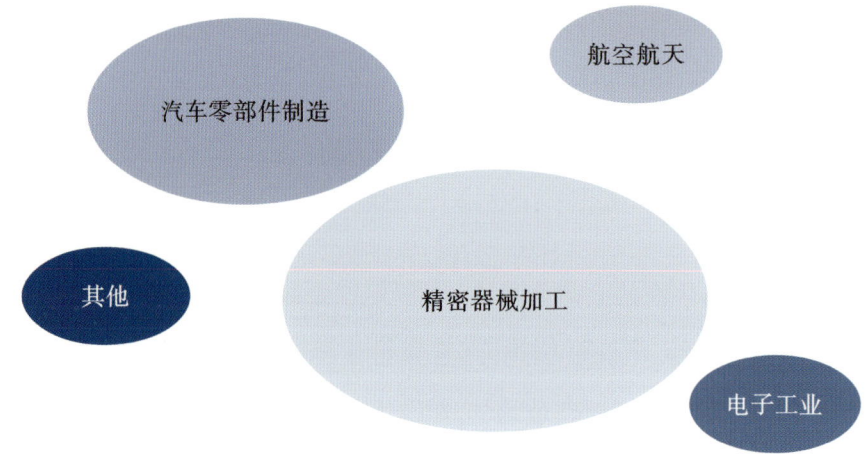

图 3.47 金刚石刀具应用领域

在制造业向精密化、自动化、信息化、系统化、智能化发展的今天,首先要攻破的难关是材料加工。具有极高的硬度和耐磨性的金刚石刀具在很多领域都是首选,可以用于非金属硬脆材料如石墨、高耐磨材料、复合材料、高硅铝合金及其他韧性有色金属材料的精密加工,甚至在材料加工中可实现以车代磨的效果。高硬度和耐磨性可使刀具的寿命比硬质合金刀具高几十甚至上百倍;低摩擦系数可以使加工变形量小,切削力更低;低热膨胀系数和高热导性能,对尺寸精度要求很高的精密和超精密加工来说尤为重要。在用量较大的铝合金和硅铝合金高速切削加工中,金刚石刀具更是难以替代的主要切削刀具。近年来,金刚石刀具应用呈持续上升发展趋势,是数控加工行业降本提效不可或缺的工具,已经在数控机床行业占据了主导地位(图3.48,图3.49)。

图3.48　金刚石刀具加工铜合金

有色金属合金	非金属材料
铝合金　　硅铝合金　　　　　　　　　　　　　　　　　锰合金　　黄铜和青铜合金　　　　　　　　预烧和烧结合金	环氧树脂 　　　　　石材,宝石 纤维增强塑料,玻璃纤维增强塑料 碳纤维复合材料 　　　　　　　硬橡胶 　　塑料 陶瓷,金属陶瓷,石英玻璃 　　　　　　　　石墨 单晶硅,多晶硅,SiC 　　　木材

图3.49　适于金刚石刀具切削加工的材料

金刚石刀具类型繁多,性能差异显著,不同类型金刚石刀具的结构、制备方法和应用领域有较大区别,一般可以根据材料不同对金刚石刀具进行分类(图3.50)。金刚石材料制成的刀具有刀片类(图3.51)和刀杆类(图3.52),可采用机械法和焊接法与刀体固定为一体。通常是先固定后刃磨,但轮毂刀采用先磨后焊工艺。

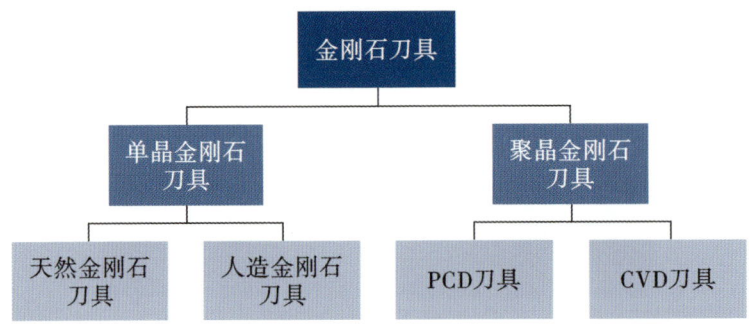

图3.50　金刚石刀具类型

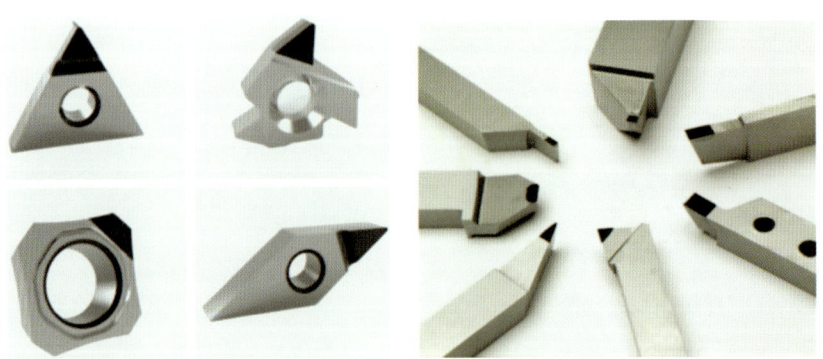

图3.51　金刚石刀片类刀具　　　　图3.52　金刚石刀杆类刀具

单晶金刚石刀具

无论是天然还是人造,金刚石都有相似的性能。天然金刚石作为切削刀具,已有上百年的历史,人造单晶现在也可以用于切削,只是成本都比较高。单晶金刚石刀具的特点是可以通过精细研磨,将刃口磨得极其锋利和平顺,刃口半径可达 0.002 μm(2 nm),这样在切削时用很小的切削力就可以达到切除材料的目的,对超薄、易变形材料的加工可以实现极高的工件精度和极低的表面粗糙度,是超精密加工的最佳刀具(图 3.53)。

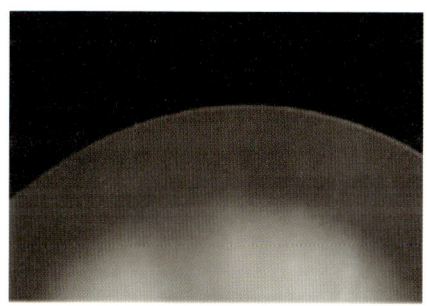 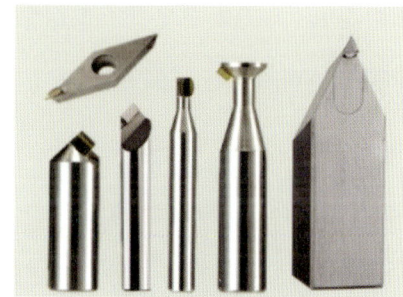

单晶金刚石刀具刃口形状(放大100倍)　　几种单晶金刚石刀具

图 3.53　单晶金刚石刀具

下面我们看一个早期使用金刚石刀具的实例:

加工零件:铝合金,汽车活塞,直径 3.2978~3.247 in(1 in=2.54 cm),切削长度 70 mm。

主轴转速:1700 r/min。

切削速度:440 m/min。

走刀量:0.09 mm/r。

切深:0.15~0.20 mm。

加工结果:一把硬质合金刀车 15~20 件;一把金刚石刀车 800~1100 件。

可见，金刚石刀具和市场上除金刚石刀具外最好的刀具——硬质合金刀具相比，优势分外突出。

聚晶金刚石刀具

单晶金刚石价格昂贵，通常在超精加工中才会考虑使用。随着超高压高温合成金刚石聚晶技术的逐渐进步，我国近几年可用于刀具材料的聚晶金刚石发展迅猛，这种在超高压高温条件下生产出的固定直径和厚度的PCD，经过对大尺寸PCD切割（通常PCD厚约为0.3～1.0 mm）、刀具焊接和固定、切削刃刃磨等工艺，可以制成PCD车刀、PCD铣刀、PCD铰刀、PCD钻头等多种刀具（图3.54）。

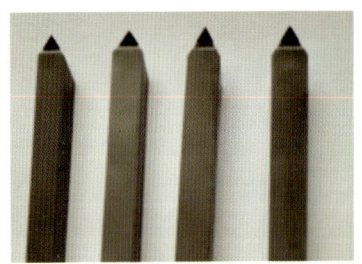
PCD 车刀

PCD 铣刀

PCD 铰刀

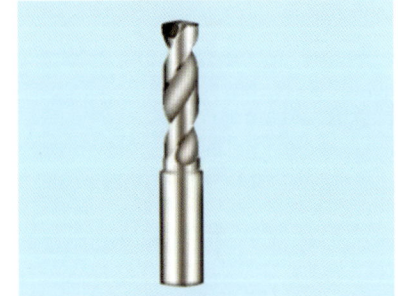
PCD 钻头

图 3.54　几种典型 PCD 刀具

在汽车市场高速增长和激烈竞争的大环境下,各汽车零部件制造厂家在不断提高质量和性能的同时,更加关注部件的加工效率和成本,高性能的 PCD 刀具需求越来越大。PCD 刀具几乎涵盖了所有铝合金汽车零部件加工领域,如汽车发动机的导管座圈、挺柱孔、火花塞孔、喷油嘴孔、曲轴、凸轮轴的孔加工、缸体、汽车铝合金活塞和铝合金轮毂等,特别是汽车发动机铝合金缸体。由于 PCD 是多晶金刚石且含有少量的其他成分,PCD 刀具刀刃锋利性不如单晶金刚石刀具,但成本低,进给量较大,性价比和效率高(图 3.55)。

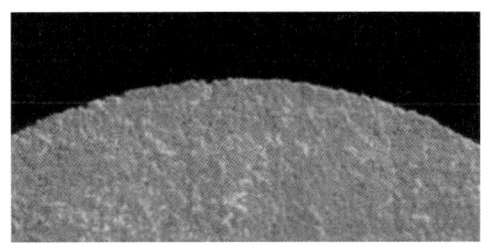

图 3.55　PCD 刀具刃口形状(放大 100 倍)

CVD 法是生长聚晶金刚石的另一种方法,是在高温和低于标准大气压的压力下将含碳的气体(如甲烷)激发分解成离子态碳原子,并在特定的基体材质(如硬质合金)上以 sp^3 金刚石结构沉积下来,形成交互生长的聚晶金刚石(当然也可以生长为单晶金刚石)。

CVD 刀具和 PCD 刀具的生产方法不同,内部结构不同。CVD 金刚石刀具(图 3.56)刀尖中不含其他成分,是纯净的金刚石组成的聚晶金刚石。由于其纯度高,刀具表面粗糙度、导热性、切削速度等都优于 PCD 刀具。加工石墨时 CVD 刀具的寿命是硬质合金刀具的 12~20 倍,甚至更高。用一把刀具几乎可完成任何加工任务,无须因刀具磨损而换刀,避免了加工中断和重新校准,还可实现无人值守加工,提高加工的可靠性和精度一致性。

PCD 和 CVD 金刚石可用于许多相同的加工领域,但 PCD 更适合用于粗加工以及对刀具断裂韧性要求较高的加工场合,CVD 金刚石更擅长精加工、半精加工和连续车削加工,这是因为其具有优异的耐磨性和高硬度,可以加工出更精密的工件。

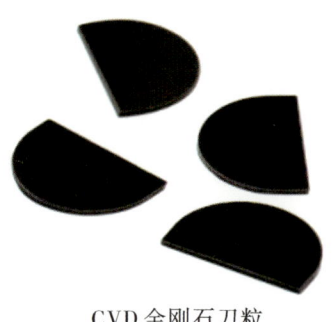

CVD 金刚石刀粒　　　　　　CVD 金刚石车刀与刀片

图 3.56　CVD 金刚石刀具

现在分别举几个实例来看看聚晶金刚石刀具的威力：

耐火材料中"削铁如泥"　铣削氧化铝陶瓷耐火砖。氧化铝陶瓷的密度为 1.53 g/cm³，抗压强度为 1840 MPa，抗弯强度为 720 MPa。采用日本产 DA100 圆刀片（PCD），切削用量为 $v_c=216$ m/min，$a_p=0.5$ mm，进给量为 $0.05\sim0.12$ mm/z，切削 48 min，刀具只磨损 0.1 mm 左右。

汽车制造中精速兼备　螺旋式 PCD 金刚石铰刀，加工直径为 $14_{+0.010}$ 的铝合金转向助力泵滑阀孔，切削速度为 $n=4200$ r/min，$F_n=0.8$ mm/r，与硬质合金刀具相比，加工时间缩短为原来的 1/3 左右，在保证表面粗糙度 0.2，圆度 0.004 及直径 $14_{+0.010}$ 的前提下，可稳定加工 100 000 个孔，而硬质合金刀具寿命一般在 1000 个孔左右。

航空航天中迎难而上　随着复合材料、钛合金及由两种材料构成的叠层材料在飞机结构件中的应用日益增多，飞机制造业正发生巨大的变化，同时也对需要使用高韧性高硬度刀具提出了具有挑战性的要求。例如，波音 787 和空客 A350 的机身大部分用复合材料制成，在商务客机 Eviation 公司的 EV-20Vantage 型飞机的机翼和机身也将采用全复合材料。复合材料在加工中难度很高，我们通过几个事实来看看金刚石刀具的用后效果。

实例 1：一家商用飞机零部件供应商在加工一种纤维增强复合材料工件时，用整体硬质合金锥钻在厚度为 0.200 in（约 5 mm）的材料上钻孔，每支钻头仅能钻削 150～200 个孔，就会因出现不合格的纤维撕裂而不得不更换刀具。改用新型 CVD 金刚石涂层硬质合金钻头后，钻孔数大幅提高到 2200。尽管新型钻头的成本是老式钻头的 15 倍，但由于钻头寿命延长、换刀次数减少、加工时间增加，因此仍使每孔加工成本降低了 80%。

实例 2：空客 A380 的上层舱地板桁梁由 CFRP 复合材料制成（图 3.57），需将其安装到机身的铝合金框架上。原先用于加工这种 CFRP 与铝合金叠层的整体硬质合金钻头只能加工 90 个孔，换用金刚石涂层的硬质合金钻头后，每个钻头的加工寿命提高到 500 个孔以上。

图 3.57 空客 A380

实例 3：洛克希德公司在对 F-35 联合攻击战斗机（图 3.58）的复合材料机翼蒙皮进行接缝修整加工时，切削刀具的寿命和切削刃质量难以令人满意。为此，开发了一种新型 CVD 金刚石涂层刀具，其刀具寿命（以加工的直线长度计）从 19 ft（仅为切削材料厚度的 1/3，1 ft = 0.3048 m）提高到 57 ft（切削材料全厚度），从而可用两把装有 24 mm 刀片的刀具来加工一个机翼蒙皮。

图 3.58 F-35 战斗机

尽管表面上看一把刀具价格高了不少，但由于加工效率提高，寿命长并且加工质量更好，总体成本仍可以下降，并能缩短加工流程的时间，金刚石刀具逐渐成为航空航天业的主要加工工具。

 3D打印为金刚石利器锦上添花

3D打印(又称增材制造)是快速成型技术的一种,是以数字模型文件为基础,通过逐层打印的方式来构造物体的技术。它将快速成型的理念发挥到极致,其最大的特点就是能够"无中生有"。只要3D打印机的精度满足要求,无论多么复杂的结构物都能被轻易制造出来。目前,3D打印技术已广泛应用于航空航天、医学医疗、文物保护、建筑设计、精密制造等诸多领域。

3D打印技术将计算机制作的三维物体模型离散成若干层平面切片,运用金属合金粉末、高分子材料、陶瓷材料、纳米复合材料、高精度树脂、碳纤维材料、人体细胞、全彩复合石膏等黏合材料,通过数据分析优化处理得到各层片的二维轮廓信息,由数控喷头按照生成的加工路径,逐层加工出轮廓薄片,并按顺序叠加成三维坯件,然后进行坯件的后处理,最终成型。3D打印技术同样也在金刚石工具制品中初露锋芒,借助该技术能够简易地制造出一些具有复杂结构(如异形、超薄结构等)的金刚石工具(图3.59)。

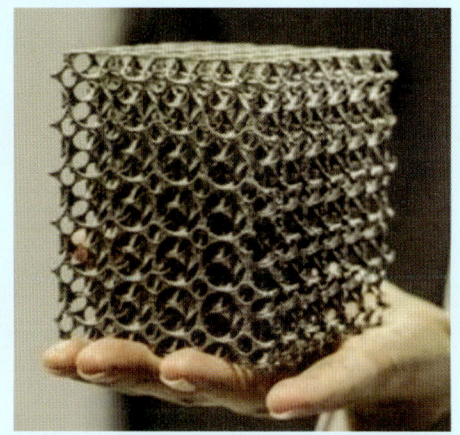

图 3.59　3D 打印实物

图 3.60 是一些研究者设计的栅格状孕镶金刚石钻头,其唇面由数层极薄的栅格片所构成。

处于中试中的超薄金刚石划刀片也可以利用 3D 打印技术生产,如图 3.61,初步使用结果表明其性能完全满足芯片等的加工要求。

1—外侧栅格片;2—内侧栅格片;3—中部栅格片;4—水口水槽;5—钢体;6—胎体;7—栅格片间隙。

图 3.60　栅格状孕镶金刚石钻头模型图及其 3D 打印实物

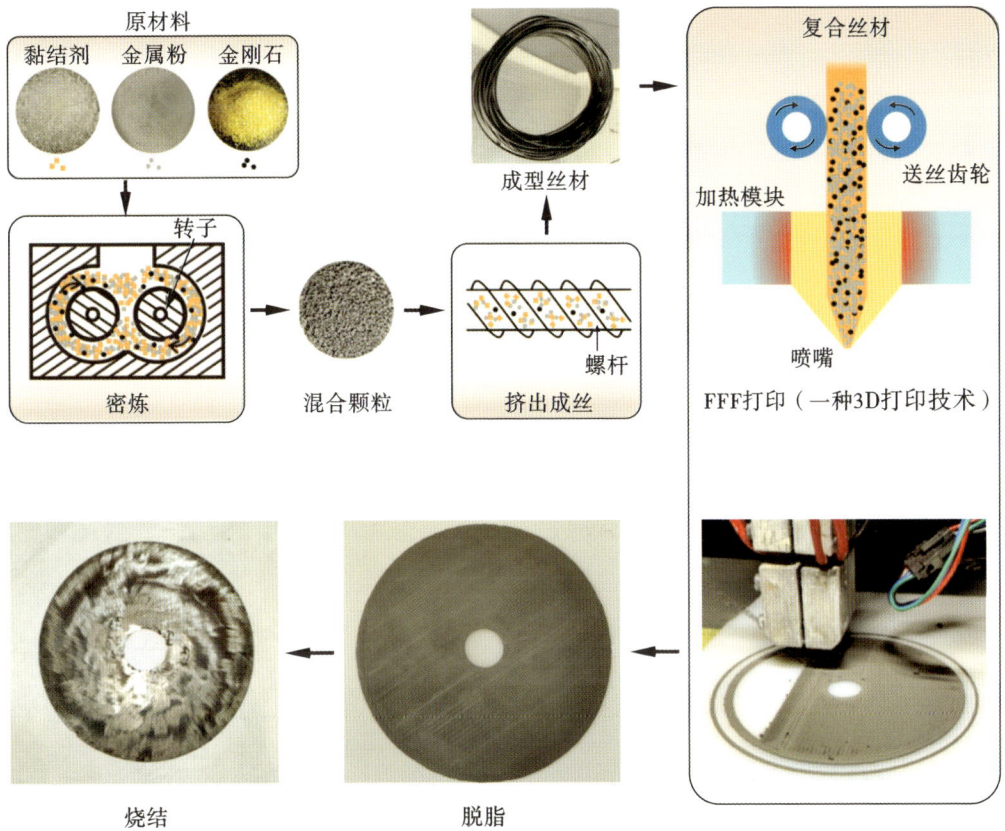

图 3.61　熔融沉积成型烧结技术制造超薄金刚石划片工艺流程

新兴的 3D 打印技术激发了国内外金刚石工具研究人员的极大兴趣,在研究和试验过程中取得了很大的进展。相信在不久的将来,随着很多难题不断被攻克,3D 打印金刚石工具将在航天、电子、生物、医疗、机械等领域展现风采。

在本节的编写过程中,得到了中南大学张绍和教授的大力支持和帮助,谨致谢意。

克拉自由

绝美的十大名钻

金色陛下钻石

1986年，在普雷米尔钻矿发现了一颗重达755.5克拉的黄褐色巨型原石，是迄今为止发掘出来的第八大宝石级钻石。最初其貌不扬，1990年，著名的钻石切割大师盖比·托尔科夫斯基经过周密的设计和大量的模型试验，凭借巧夺天工的手艺让这颗天然彩钻最终以"火玫瑰枕形切割"的全新形象面世。切割后的宝石有148个切面，重量为545.67克拉，成为世界上最大的多面天然彩钻，于1997年被命名为"金色陛下"。

金色陛下钻石

库利南 1 号

1905 年,在南非普雷米尔钻矿发现了无色透明、质地极佳、无任何瑕疵、重达 3106 克拉的钻石原石,以当时矿长的名字命名为"库利南"。1908 年,这颗巨钻被劈成几大块后进行加工,加工出来的成品钻总量为 1063.65 克拉。最大的一颗钻石重 530.02 克拉,呈水滴形,有 74 个切面,晶莹剔透,取名"库利南 1 号",又被称作"非洲之星"。

库利南 1 号

库利南 2 号

库利南 2 号为一颗枕形切工钻石,拥有 66 个切面,总重 317.4 克拉。这颗钻石虽有许多微小的瑕疵,台面上也有划痕,腰棱处还有一个小缺口,但这并不影响它的价值。

世纪钻石

1986年,世纪钻石发现于南非普雷米尔钻矿,原石重599.10克拉,是世界第四大原石。经加工切割后,成钻重273.85克拉,该钻石顶部有75个切面,底部有89个切面,腰部有83个切面,总计有247个切面,众多切面使得世纪钻石极其璀璨,成为稀世珍宝。

世纪钻石

无与伦比钻石

无与伦比钻石

无与伦比钻石原石是目前世界上最大的黄钻,1980 年在非洲被发现,原石重 890 克拉。它被美国宝石学院评为"梦幻褐色黄",切割后重 407.48 克拉,呈梨形。

千禧之星钻石
库稀努尔钻石

千禧之星钻石

1990年，千禧之星钻石原石发现于非洲，重777克拉，通过激光技术切割出数颗钻石，其中最重的即为千禧之星钻石——203.04克拉的梨形钻石，它的品质极佳，毫无瑕疵，是历史上难得一见又无可比拟的完美巨钻。

库稀努尔钻石

库稀努尔钻石发现于印度戈尔康德的可拉矿山，据说原石重达800克拉。最初磨成玫瑰形，重191克拉（一说186.5克拉），后被重新加工成椭圆形，重108.83克拉，并更名为"光明之山"。

艾克沙修钻石

艾克沙修意指"高贵无比",1893年,原石发现于南非的钻矿,重达995.2克拉,无色透明,光亮且带有微蓝光泽,质地极佳。1905年库利南被发现之前,它始终位列世界第一。1903年,重达995.2克拉的原石被琢磨成6粒梨形、5粒椭圆形和11粒较小的正圆形钻石,它们的重量从69.68克拉到不足1克拉不等,总重量为原石的37.5%,最重的艾克沙修1号呈梨形,只有69.68克拉。

神像之眼钻石

神像之眼钻石是一颗扁平梨形的稀世珍宝,重达70.21克拉,于1607年在印度的戈尔康德惊艳现世。神像之眼钻石具有很好的净度,内部纯净无瑕,晶体形态规整优美。采用古式三角形切割技艺,巧妙地雕琢出9个亭部刻面,且在冠部与亭部周边精心打造出不对称刻面,那一抹淡雅的蓝色调赋予了它仿若灵动眼睛般的晶莹澄澈质感,使其在众多钻石中散发着独一无二的魅力与神韵。

艾克沙修钻石
神像之眼钻石

粉红之星钻石

1999年,在南非的神秘矿脉深处,一颗重达132.5克拉的原石被发现,它便是粉红之星钻石的前身。历经两年时光,在能工巧匠的精心雕琢下,原石华丽变身,最终呈现为59.60克拉的椭圆形钻石。其色泽呈艳彩粉红,内部无瑕,宛如一颗散发着梦幻光芒的粉色精灵。

粉红之星钻石

金刚石就是钻石吗

金刚石(diamond)是学术名词,早期的拉丁文名称"adamas"与"金刚石"一词同义,原意是"无敌的,不可征服的"。而钻石通常是指用于珠宝首饰的金刚石,在个别地区,也将金刚石通称为钻石。

钻石按照来源有天然钻石与培育钻石之分,培育钻石就是人工制成的珠宝饰品用钻石,其结构、物理和化学性质与天然钻石相同。另外还有仿钻石,如莫桑石、碳硅石、锆石等,只是外观与钻石相似,不是真正的钻石。

 ## 钻石是怎么打磨的

从岩石到原石

将挖出的金伯利岩露天置放,待岩土风化松散后,置于破碎机依次破碎成中、小、砾、砂等大小,将砾砂状矿土放在液态重介质分离器中,经过多次漂选,将比重较轻的矿石漂选出去。将漂选后留下的材料干燥,经过磁选机识别出含磁性的矿物,如石榴石和钛铁矿,从而将其除去。

钻石表面具有一定的疏水性,在特定的浮选药剂体系下,能够选择性地附着在气泡上,而其他亲水性的矿物则留在矿浆中,从而实现钻石与其他矿物的分离。利用钻石受到 X 射线照射时会发光的特性,将砂石通过小输送带,由 X 射线依次照射每粒砂石,喷气装置感应到钻石发光后,将钻石喷到另一侧下面的桶中。最后在光线较暗的室内玻璃柜中,用较弱的 X 射线照射,挑选出发光的钻石。

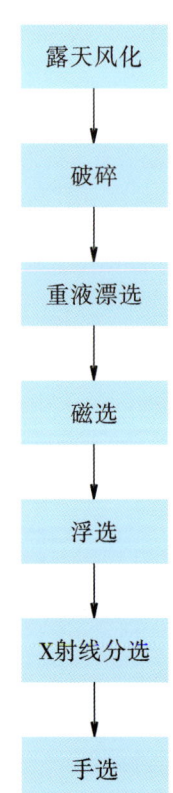

原石设计

钻石原石设计是根据原石的自身特点,制定出最佳的分割方案,以最大程度展现钻石的美感、提升其价值,同时尽量减少材料的损耗。

在传统加工中,需要有经验的设计师利用放大镜研究原石的结构,然后在原石上沿其天然纹理画下分割标记。如果是大颗粒钻,这项工作可能要历时数月。

随着科技的发展,使用影像处理软件可将原石外形、包裹体、内部应力清晰地投影出来,再配合 3D 建模,就能更清晰地对钻石原石进行整体设计规划,相较人工设计而言,更加精准和高效(图 4.1)。良好的原石设计对后续的切割、打磨等加工环节起着关键的引导作用。

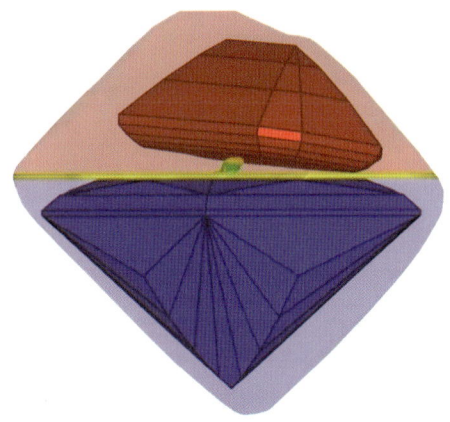

图 4.1　原石设计

原石分割

许多钻石原石在进一步加工之前需要分割成两个或更多个部分。分割原石主要有劈切、锯切和激光切三种方式。

劈切

在传统锯机出现之前,分割钻石的方法是在棱线上用另外一个尖锐的钻石在一个解理面刮出一个 V 形凹槽,将待分割钻石固定好,将劈钻刀放在凹槽上,用金属棒快速敲击刀背,钻石就顺着该解理面分开(图 4.2)。

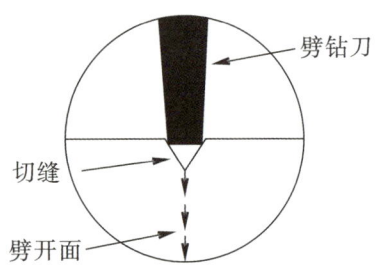

图 4.2 劈钻刀在切缝上的位置

锯切

钻石是地球上最硬的物质,要切磨钻石,只能用钻石。18—19 世纪,人们就开始用钻石锯机来锯开钻石,确定钻石要锯的方向,将钻石固定在锯台上,其下有一个磷铜制的圆形薄锯片,在锯钻过程中,刀片会高速旋转,刀片边缘的钻石粉会不断地和被切割的钻石摩擦,一点一点地磨掉钻石的部分,从而将钻石按照预定的方向锯开(图 4.3)。同时使用冷却液来防止钻石因为摩擦产生高温而出现裂纹等损坏情况。

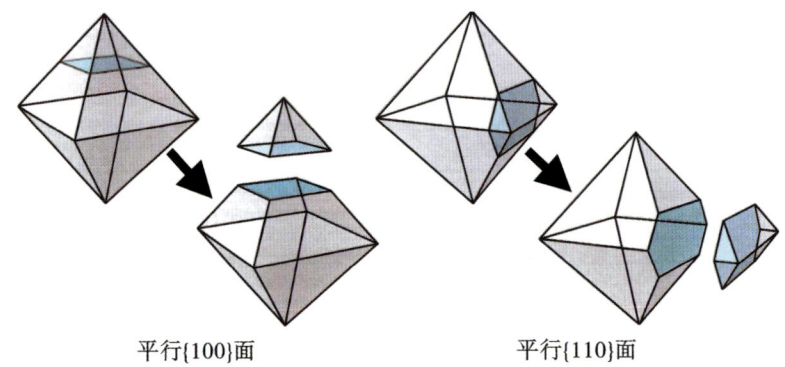

图 4.3 组锯开面

激光切

随着科技的发展,如今的钻石加工大多数都使用激光切割,既安全又快速。1 克拉的钻石在十几分钟内就可以完成切割,大大提高了加工效率。

图 4.4　激光切

近年来,激光技术更加成熟,可以将原石挖出成品钻石的陀螺形状,节省了大量时间(图 4.4)。除了圆形外,也可以做其他花式形状的粗形。

自动打圆机研磨

钻石打圆,从最早的人手固定两颗钻石相互刮擦打圆,改进到人腋下夹一圆棒,前端固定一颗钻石或聚晶,用以打圆另一颗旋转的钻石,再改进到两颗旋转的钻石互相打圆,目前采用的方法是用钻石砂轮来打圆(图 4.5)。

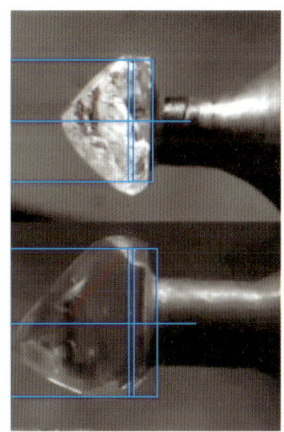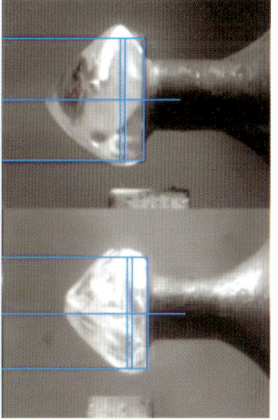

图 4.5　自动打圆机研磨

切磨

人工切磨钻石需要经过长时间的训练,需要有耐心且细心,并要有立体观念,一般需半年可以学会基本操作,两三年后才可熟练操作,所使用的工具可精准定位旋转角度及俯仰角度。熟练者可以切出极精确的角度和比例,抛光,对称(图4.6)。

图4.6 技术人工切磨

钻石的晶面方向不同导致硬度稍微不同,可用较硬方向的钻石去切磨较软方向的钻石,将小颗粒的钻石粉随机铺在磨盘上,其中较硬方向的钻石粉可以磨动大钻石的软方向。所以磨钻石时每一个刻面都要找到最软的方向,然后一个面一个面轮流切磨。

使用自动机器切磨钻石设备时,将钻石底部固定在机器上,设定好旋转角和俯仰角,每一个刻面在磨盘上自动找出最软方向,磨到位时,钻石外围的套筒就会接触到磨盘而导电,机器就知道这个刻面已切磨完成,抬起并转到下一个面,继续重复,直到底部 24 个刻面都完成(图 4.7)。由人工取下换装至冠部,同样轮流完成 24 个刻面,剩下 8 个星面由人工完成。自动切磨钻石机器可使用电镀上钻石粉的磨盘,效率更高。

图 4.7　自动磨石机

理想式切工

1919 年,比利时工程师托尔科夫斯基以数学方式计算出钻石切磨角度——冠角 34.5°,亭角 40.8°,台面 53%,可以达到最好的光线反射,称作理想式切工。

钻石的切工,自几百年前逐步演变到现在的圆形 57 面这种最普遍的切工,角度比例调整得好会有 8 心 8 箭的特征,可通过效果镜从钻石底部看到 8 颗心,从冠部看到 8 支箭。8 心 8 箭切工于 1977 年由日本的一位宝石学家研发,有一个专用名称,Hearts & Arrows,后改良有 10 心 10 箭、12 心 12 箭。

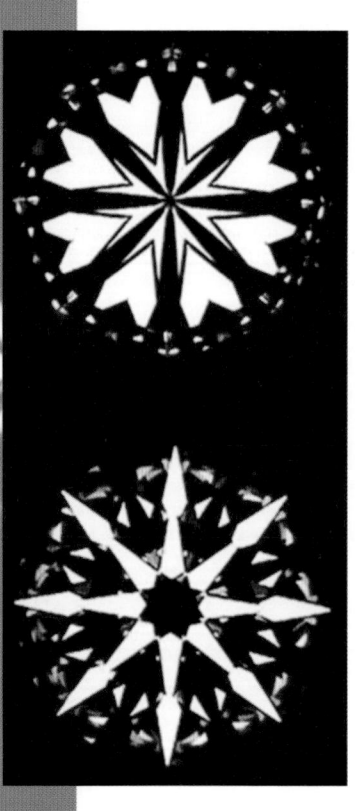

圆明亮形 8 心 8 箭效果

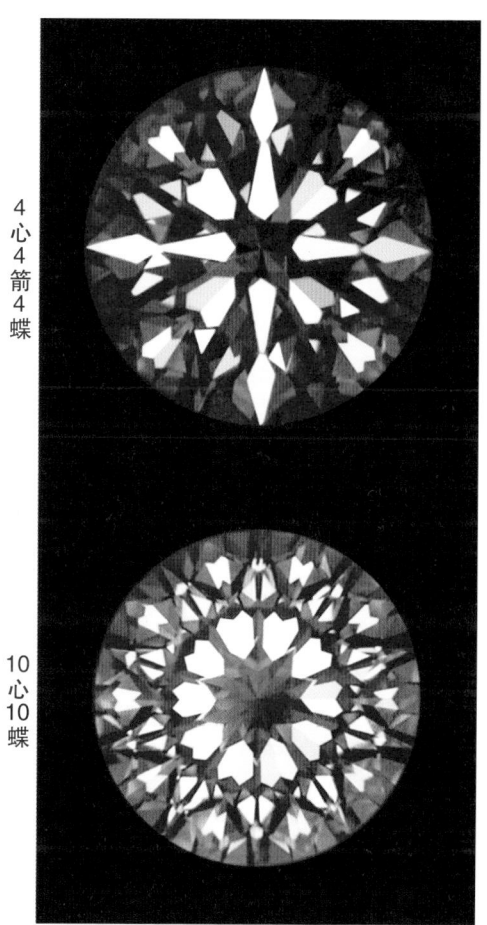

4心4箭4蝶

10心10蝶

2007年,市场上出现了一种圆形的切工,透过效果镜正面有9心1花的特征。2008年又出现心与蝴蝶系列,包括4心4箭4蝶、10心10蝶。这些都是透过效果镜看到的光学现象。

在市场上见到的长形钻石,如椭圆形(图4.8)、梨形(图4.9),一直都存在着如马眼形的蝴蝶结,切磨人员针对此现象加以改进,甚至消除蝴蝶结,有了很好的效果。

轻微蝴蝶结　　　　轻微蝴蝶结

无蝴蝶结　　　　无蝴蝶结

图4.8　椭圆形钻石　　　图4.9　梨形钻石

 ## 钻石的鉴定分级

国际上通用的钻石分级体系是通过"4C"来确定的,即钻石的重量(carat)、颜色(color)、净度(clarity)和切工(cut)。

重量

钻石的重量单位为克拉(1 ct=0.2 g),每克拉为100分,所以一颗0.75克拉的钻石即为75分,通常钻石愈大就愈稀有。两颗重量相同的钻石,会因为切工、颜色和净度的不同在价值上差距甚大,因此不能单以重量来衡量价格。

颜色

钻石的颜色分级(按GIA标准),由英文字母的D(完全无色极为罕见)到Z(带有淡黄色),D、E、F级属无色范围之内,G、H、I、J属于接近无色范围,K、L、M为微淡黄色,N以下为淡黄色(图4.10)。愈接近无色的钻石,价值则愈高。

图4.10 天然钻石成品比色石

即便是使用比色石也不可能对已镶钻石进行精确的颜色分级,因钻石的颜色会受镶座金属和周边有色宝石的影响。

尽管如此,在中性背景和合适光源下,把已镶钻石的台面朝着比色石的台面靠近并比较两颗钻石的相同部位,仍可以对颜色作出评价。

钻石的荧光强度也会影响其价值。不同钻石对紫外辐射有不同反应（图4.11），有些钻石呈惰性，完全不发荧光；有些钻石发荧光时，呈蓝色、绿色、橙色等。可在紫外线下对钻石的荧光进行分级，按所观察到的荧光强度分为无、弱、中等、强和极强几个等级。

图4.11 钻石的荧光反应

具高色级（比如 D 或 E 色级）和 VVS 净度但有极强荧光的钻石，其价格视不同商家会有 5%~15% 的打折。反之，具低色级（比如 L 色级）和 VVS 效度级的发荧光钻石，其价格会增加几个百分点。

因此，要精准鉴别钻石的颜色分级必须采用未镶嵌的裸石。

净度

钻石的净度是评估钻石品质的重要指标之一，主要反映了钻石的瑕疵程度。

大部分钻石都含有极细微的包裹体，这些包裹体并不会影响钻石本身的美感，但是包裹体越少、越小，光线在钻石内部所受的干扰就越小，钻石也就越闪耀。

检视钻石的净度通常要求用未经镶嵌的裸石，常见的净度分级见表 4.1。

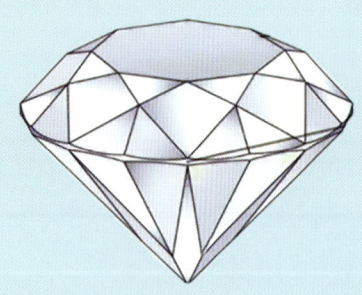

表 4.1　净度分级

GIA	分级说明（在 10 倍放大镜下）
FL（无瑕）	不见包裹体或瑕疵
IF（内无瑕）	不见包裹体，只有轻微的表面缺陷
VVS（极轻微瑕）	含微细的连有经验的分级者也难以确定的包裹体
VVS1	包裹体极难看到
VVS2	包裹体很难看到
VS（轻微瑕）	可见小的包裹体，典型的是小的晶体、羽状体和云状物
VS1	包裹体难看到
VS2	包裹体有点难看到
SI（微瑕）	有易见的包裹体
SI1	包裹体容易看到
SI2	包裹体很容易看到（肉眼可看到）
I（重瑕）	有明显的包裹体，当台面朝上时通常肉眼可看到
I1	光彩或耐久性受一定影响
I2	光彩或耐久性受严重影响
I3	光彩或耐久性受非常严重影响

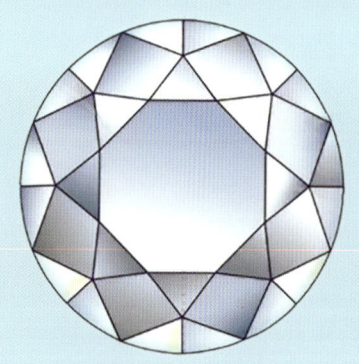

切工

　　切工包括切割比例、抛光、对称三个方面，是"4C"标准中唯一受人为影响的要素，直接影响钻石的亮度、火彩和闪烁，只有精湛的切工才能完美展现出钻石璀璨的光芒。根据 GIA 钻石分级标准，切工分为五个级别。

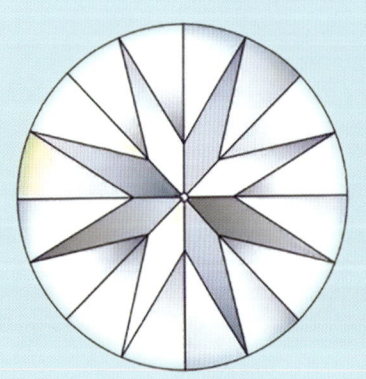

钻石鉴定分级的原理如表 4.2 所示。

表 4.2　钻石鉴定分级原理

序号	品质好坏	切工	颜色	净度
0	Perfect			FL
1	*		D	
2	**			IF
3	***	Excellent		
4	****		E	
5	*****			VVS1
6	******			
7	*******		F	
8	********			VVS2
9	*********			
10	**********	Very Good	G	
11	***********			VS1
12	************			
13	*************		H	
14	**************			VS2
15	***************			
16	****************		I	
17	*****************	Good		SI1
18	******************			
19	*******************		J	
20	********************			SI2
21	*********************			
22	**********************			
23	***********************		K	
24	************************	Fair		I1
25	*************************		L	
26	**************************			
27	***************************			
28	****************************		M	I2
29	*****************************			
30	******************************			
31	*******************************	Poor	N	
32	********************************			I3
33	*********************************			
34	**********************************		O	

 **培育钻石风生水起**

培育钻石在国际钻石界被称为实验室生长钻石(图4.12)。

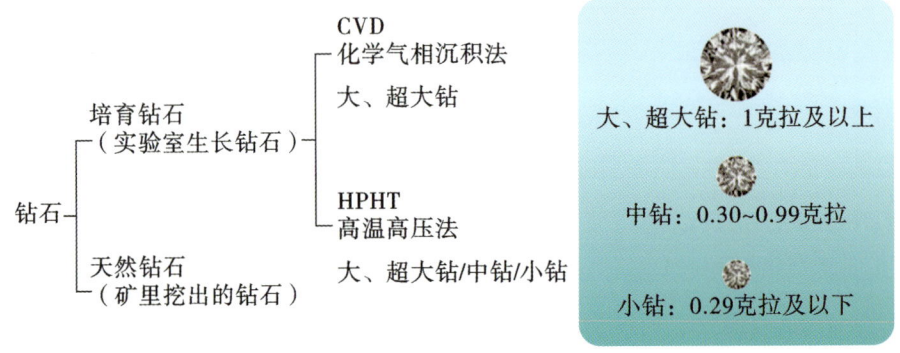

图4.12 市场上钻石的分类

培育钻石的方法

目前人工培育钻石有两种方法,一种是高温高压法(HPHT),另一种是化学气相沉积法(CVD)。

高温高压法

高温高压法通过六面顶压机在 900～1300 ℃、5～7 GPa 的高温高压环境下,以石墨为原材料,在催化剂的作用下将石墨转化成钻石原石(图 4.13)。

图 4.13　高温高压法生长的钻石原石

高温高压钻石有一些特别神奇的微观结构特征,比如方形生长纹理和十字生长纹理(图 4.14)。

方形生长纹理　在高温高压条件下,钻石的生长以金刚石籽晶为核心。碳原子在籽晶的基础上堆积起来。若籽晶是方形的,钻石就会沿着籽晶的平面方向向外延伸生长,最后形成方形的生长纹理。

十字生长纹理　在高温高压条件下,通过金属触媒的作用,石墨中的碳原子被激活并逐渐沉积在籽晶上。由于晶体生长的方向性,碳原子沿着特定的晶向沉积,形成了类似于十字形的生长纹理。

图 4.14　高温高压钻石中方形及十字生长纹理

化学气相沉积法

化学气相沉积法就是在充满氢气和含碳气体(例如甲烷)的真空室内,用能量源(通常是微波束)分解气体分子,碳原子向较冷、平坦的钻石种子板扩散、结晶,实现金刚石晶体的生长。

CVD培育钻石通常只需几周时间即可成型,可以批量生产,品质稳定,对环境更友好,被称为可持续发展的绿色珠宝,CVD法也可生长成多层组合钻石(图4.15)。

图4.15 组合钻石

培育钻石的优化

净度优化

激光钻孔处理 利用激光在钻石表面钻出直径 10~20 μm 直至钻石内部包裹体的极小孔,然后可以选择激光直接烧熔包裹体,或者在后期进行酸洗除去包裹体,从而改变了钻石的净度。

裂隙填充处理 在真空环境里,把一种高折射率的固化材料填充到钻石的裂隙当中,以改善钻石的外观。然而,这种处理方法存在一定的风险。在镶嵌过程中,或长期进行超声波清洗,可能会出现变色、脱落甚至损坏等问题。

颜色优化

CVD 培育钻石的颜色有时不够理想,生长速度过快,就会呈现褐色,经过高温高压或低压高温改色后,褐色会减轻或消除(图 4.16)。

图 4.16　CVD 培育钻石

高温高压改色　利用高温高压设备,控制好升温、持温、降温的阶段特性,配合输入适当的功率、压强、时间,在一个极窄的工艺组合中可将褐色减弱或消除。

低压高温改色　利用CVD反应炉加入氢气,以不同的腔压、功率、钻石的位置产生较生长所需更高的温度,持温适当时间,可以将褐色消除,但失败率较高。

将颜色、净度较差的培育钻石拿去用辐照、高温高压处理或热处理,可把它们改成各种各样的颜色(图4.17)。

图 4.17　彩色培育钻石

培育钻石镶嵌

钻石常见的镶嵌材质有 18K 金和铂金。18K 金硬度高,不易变形,而铂金则更实惠且耐用。镶嵌方式通常有爪镶、包镶、卡镶等(图 4.18)。

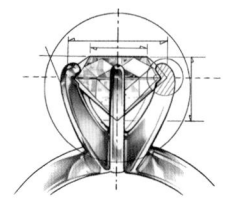

爪镶

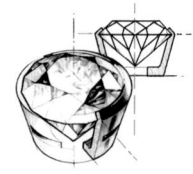

包镶

卡镶

图 4.18　镶嵌方式

克拉自由 | 113

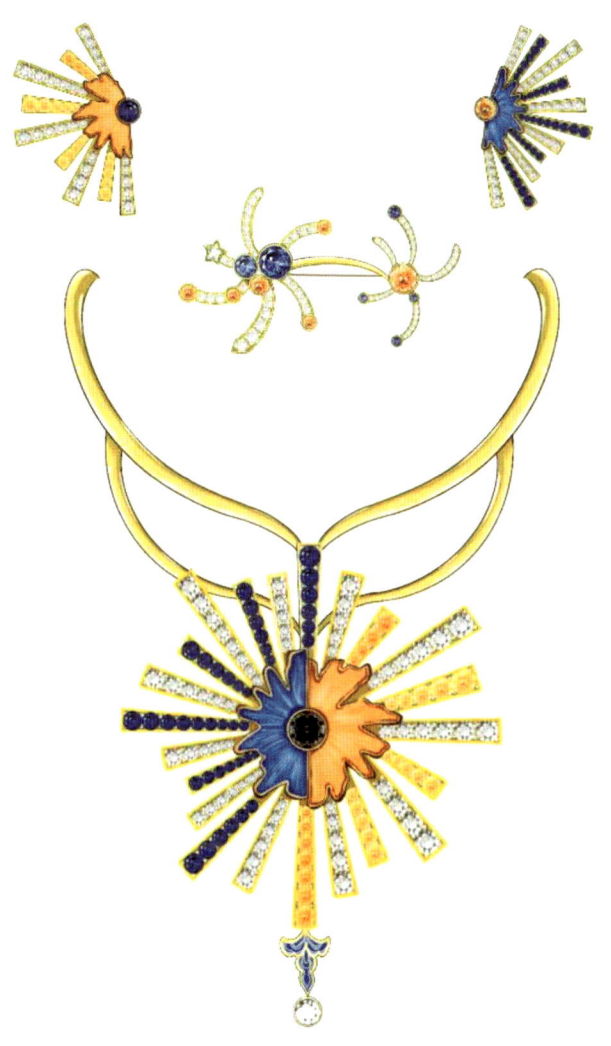

　　培育钻石在生长过程中可以在一定程度上控制其尺寸和形状,这就为一些特殊的镶嵌方式提供了可能。

天然、培育钻石之鉴别

天然钻石、培育钻石的特性及鉴别方式见表4.3。

表4.3 天然钻石与培育钻石的对比

项目	天然钻石	培育钻石
形成方式	在地球深部，经数百万至数十亿年，由碳元素在高温高压下自然形成	在实验室中，通过高温高压法（HPHT）或化学气相沉积法（CVD），模拟天然钻石形成环境，数周内培育而成
内含物	内部多含微小杂质和气泡，如白色羽状纹、云状物等	HPHT多有金属包裹体，呈棒状或树枝状，透光下黑色不透明；CVD可见深色石墨内含物、褶皱状羽裂纹等
荧光	在紫外线照射下，多为较弱蓝色、黄色荧光，只有约15%会发出强荧光	在短波紫外灯下，HPHT培育钻石多呈中到强的黄绿色到蓝绿色荧光，CVD培育钻石多呈中到强的黄到黄绿色荧光
磁性	除蓝钻外无磁性	HPHT培育钻石可能因含金属包裹体有磁性

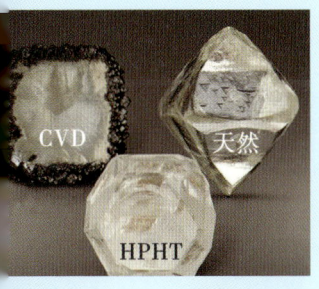

天然　　　　培育
内含物不同

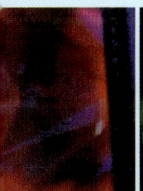 

天然　　　　培育
荧光不同

含足够多磁性杂质的HPHT合成钻石

天然钻石、CVD钻石、含磁性杂质极少的HPHT合成钻石

磁性不同

曾经，钻石因其稀有性和高昂价格，成为少数人才能拥有的奢侈品，"克拉自由"遥不可及。但随着科技的进步，中国培育钻石产业蓬勃发展，形成了完整的产业链，能够稳定产出高品质、大克拉的培育钻石，已占据全球重要份额，主要产区包括河南、山东、辽宁等地，其中河南已成为全球知名的培育钻石产业基地，并拥有黄河旋风、力量钻石等多家创新龙头企业。

培育钻石以丰富的款式和亲民的价格，使"克拉自由"从梦想照进现实。

世间多功能宝物

# 至微至广的量子宠儿

20世纪90年代以来,随着理论与技术的不断进步,人类可以精确操纵微观粒子的量子状态,从而诞生了以量子通信、量子计算、量子精密测量等为代表的量子信息技术,可以在确保信息安全、提高运算速度、提升测量精度等方面突破经典技术的瓶颈。这被称为"第二次量子革命"。

电影《流浪地球2》的热映让大众认识了具备超强算力的量子计算机。当前,量子计算研究有着多种实现方法,以金刚石量子体系为例,它可以在室温大气环境下运行,利用激光、微波、磁场等技术进行控制和运算,能极大简化量子装置的复杂性。2020年12月,金刚石量子计算教学机进入中学课堂(图5.1),这项前沿的技术开始走入中国青少年群体。

图5.1 金刚石量子计算教学机

经典比特与量子比特

要理解量子信息技术首先要认识现代信息技术中信息量的基本单位——比特。在经典计算机中,一个晶体管的状态就是一个比特信息:如果开关打开,信息就是1;如果开关关闭,信息就是0。

量子系统的规律与经典物理规律有何不同?在经典物理规律下,物体状态总是确定的,例如硬币的正反面、逻辑电路的电平高低等,我们总可以用0和1来表示这两个不同的状态,0和1这两个状态组成了一个集合,具有这种状态集合的任何物体都可以被称为经典比特。经典比特和对经典比特进行操作的逻辑门(如与、或、非门等),构成了计算机运算的基础。经典比特的状态变化与我们的日常经验相符,就如同电灯的打开和关闭一样,非0即1。

在量子系统中,与经典比特对应的是量子比特(图5.2),它是量子力学的基本研究对象。

量子比特有能量高低的两个状态,我们仍可以把这两个状态对应到 1 和 0 态上,与经典比特不同的是,量子比特可以形成 0 和 1 的叠加态,同时量子比特的状态变化不再是非 0 即 1,而可以在 0、1 以及叠加态之间连续变化,这个连续变化的过程称为量子态演化。量子态的演化可以由满足特定条件的电磁场驱动,当电磁场的振荡频率与 0 态和 1 态之间的能量差匹配,满足所谓的共振条件时,我们就可以通过控制电磁场施加的时长,来实现对量子比特的逻辑门操作。例如一个非门,可以将输入的 0 态翻转为 1 态,更复杂的逻辑门操作可以由对多个量子比特的控制实现。可以用作量子比特的体系有很多,例如光的偏振态、质子自旋、氢原子的基态和第一激发态等。

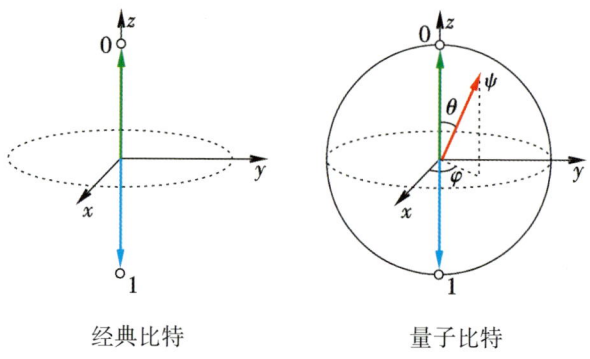

图 5.2　经典比特与量子比特

NV 色心自旋量子比特

晶体中对可见光产生选择性吸收的缺陷部位称作色心。金刚石 NV 色心是金刚石中相邻的两个碳原子被一个氮原子 N 和一个空位 V 替换后,再捕获一个电子形成的,见图 5.3。金刚石中的 NV 色心拥有很好的自旋量子比特,NV 色心自旋在实验上已经被证实可以在室温大气环境中进行光初始化和末态读出,利用微波可以操控量子态演化。与超导、囚禁离子等需要极低温或超高真空实验条件的量子体系不同,在室温下,NV 色心的相干时间可以达到毫秒至秒量级。这些性质使得金刚石 NV 色心适用于固态量子计算和量子精密测量。

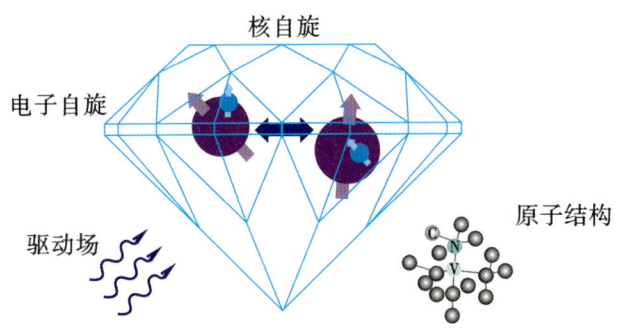

图 5.3　金刚石 NV 色心示意图

量子计算

20世纪80年代,美国物理学家理查德·费曼首次提出了利用量子效应进行计算的想法。得益于量子叠加等特性,量子计算机的数据处理能力将随着量子比特数量的增加得到指数级提升,这种超越经典计算机极限的能力吸引着大批科技工作者为之奋斗。2019年,人类首次在实验中(量子随机线路采样)证明量子计算机在处理特定问题上具有超越经典计算机的能力。作为经典计算方式的继承和发展,量子计算能有效处理经典计算科学中许多无法在可行时间内解决的难题,例如大数的质因数分解、量子人工智能等。

实现量子计算首先需要构建量子比特。通常来说,只要物质的物理性质具有二能级系统,都有可能成为量子比特的制作材料。因此,金刚石NV色心、超导量子电路、离子阱、半导体量子点、光量子等技术均有众多团队进行研发投入,但它们各有优劣,并未实现技术收敛。

金刚石NV色心平台主要研究基于自旋的量子计算的基本理论问题和相关实验技术,目前在金刚石NV自旋量子计算方面已经实现了对量子算法的实验演示、量子纠错算法的实验演示,在量子信息处理方向实现了一个纠缠对之间的量子隐形传态、量子人工智能的实验演示。

金刚石NV自旋量子计算的短板在于扩展性不足,这是由于NV色心的生长过程较难控制,使得量子比特数目难以提高。为此,当前的突破方向主要集中在量子比特的寻找上,未来有望在量子信息存储和可扩展性上取得进一步成果。

量子精密测量

量子精密测量是利用量子效应实现传统经典手段无法达到的超高精度,或者探测到经典手段无法触及的被测对象。

由于金刚石 NV 色心的尺寸为原子尺度(~0.1 nm),结合纳米制造技术以及高精度空间定位技术,可以制造出高性能的金刚石 NV 自旋传感器,使得人们能够在纳米尺度上对磁场、电场、温度、应力等物理量进行高灵敏度的测量。NV 色心的光探测磁共振性质非常稳定,从常温常压到极端温度、压强和复杂环境下都能实现精密探测功能,因此在基础物理、化学、材料科学、生命科学等领域应用极为广泛。

传统的磁共振技术使用电磁线圈探测自旋的信号,需要至少亚毫米级尺度的样品量才能获得有效的信号,难以满足技术发展的需求。基于金刚石 NV 色心量子精密测量的重要应用方向是纳米尺度的磁共振。

金刚石 NV 色心作为一种高灵敏度的磁传感器,理论上能够实现单个核自旋的探测。在实验中,科学家也在不断逼近单自旋探测的最终目标。2015 年,杜江峰院士研究团队将量子技术应用于单个蛋白分子研究,在室温大气条件下获得了世界上首张单蛋白质分子的磁共振谱,测到了单个电子自旋,完成了单分子磁共振的"里程碑式"突破;2018 年,团队进一步完成了水溶液中单个 DNA 分子的磁共振探测,向生理原位条件下的单分子磁共振迈出重要一步(图 5.4)。2024 年,团队在量子精密测量领域提出新量子传感范式,实现金刚石内点缺陷高精度成像,定位精度达 1.7 nm,有望助力 10 nm 以下芯片缺陷检测。这些技术有望帮助人们从单分子的更深层次来探索生命和物质科学的机制,对物理、生物、化学、材料等多个学科领域具有深远的意义。

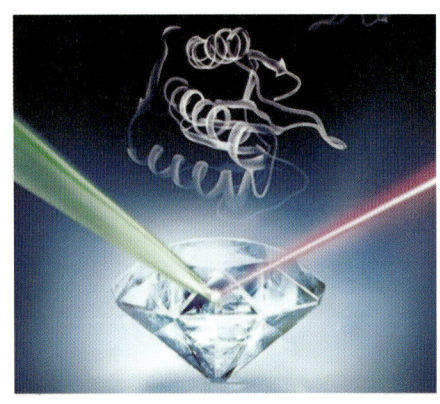 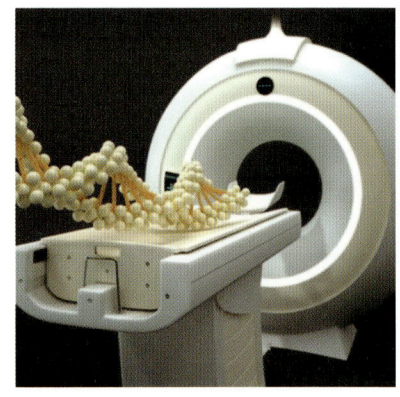

图 5.4　单分子磁共振示意图

左图：使用金刚石作为量子探测器，探测一个蛋白质分子中的磁场信号；右图：金刚石核磁共振成像仪对蛋白质分子的分子结构进行磁共振成像。

此外，金刚石 NV 色心还可用于制作高精密的便携式磁场探测器。它的工作原理和装置设计较为简单，可以制作成火柴盒大小的磁场探头，方便携带和使用，并且能够适应温度、气压、湿度等环境条件的剧烈变化。2024 年中外科学家们利用金刚石氮-空位色心（NV center）量子传感技术，成功实现超高压下超导富氢化合物的迈斯纳效应实验测量。作为一种高精密磁场探测器，只要存在磁场变化，就可实现广泛应用。未来有望使用这种磁场探测器测量汽车运行时产生的与发动机转速、车速相关的磁场变化，地震、火山喷发、雷暴等地球活动引起的磁场变化。

"终极"微机电系统

微电子机械系统(micro-electromechanical system, MEMS)即微机电系统,通过微纳加工技术,将微机械结构、微传感器、微执行器、微电源、信号处理控制电路、通信等集成于一体的微型器件或系统,微加工尺寸通常在微米级到纳米级。

集成电路、半导体器件技术和工艺最成熟的材料是硅,所以硅也是微机电系统中应用最多的材料,除硅之外,人们发展了包含多种半导体、金属、生物相容材料、高分子材料等的升级版MEMS器件,在MEMS结构的多样化以及应用领域拓展等方面取得了很大进展。随着科技产品对极端性能和工作环境要求的不断提高,同时要满足器件的稳定性、可靠性以及高性能,科研工作者全力以赴寻找性能更优异的MEMS材料。

一代材料,一代器件!升级之王的金刚石自然成为新一代MEMS甚至纳米机电系统(nano-electromechanical system, NEMS)的首选材料,近年来开始进入快速研发阶段。金刚石具有超宽带隙(硅的5倍),已知材料中最高硬度(硅的10倍)和弹性模量(硅的5.5倍)、最高室温热导率(硅的13倍)。金刚石MEMS不仅具有比其他半导体更高的稳定性和可靠性,还具有极佳的传感性能。金刚石MEMS表面碳不会形成表面氧化层,更具有超低的机械振动能耗,从而可以用于低能耗、高灵敏度、高可靠性传感。

用硅做衬底的多晶金刚石 MEMS,可以部分沿用硅的 MEMS 工艺,具有面积大、廉价的优点,但在微纳尺度,MEMS 器件存在重复性低和应力问题。只有高度一致的单晶金刚石可以极大地发挥其在 MEMS 的最佳性能,但其在 MEMS 应用中受制于单晶金刚石的加工难等问题。

目前制作单晶金刚石 MEMS 的技术有三种:第一种是键合法,这种方法对金刚石的质量和衬底表面平整度要求极高,而且这种非全金刚石器件不能完全体现出金刚石的优势,比如散热慢是个大问题(硅的导热率远低于金刚石);第二种是掠角等离子体刻蚀法,直接对金刚石进行干刻蚀,该方法制备简单,但金刚石 MEMS 结构底部是棱状结构,在几何结构控制方面还需要探索;第三种是智能剪切法,该方法重复率高达 95% 以上,且可以设计控制几何形状和配置。现阶段,智能剪切法已经成为单晶金刚石 MEMS 的主要技术。日本研究人员利用智能剪切技术,研制了第一个真正意义上的单晶金刚石 MEMS 器件——纳米机电开关(图 5.5)。这些都得益于材料生长和加工技术工艺的进步以及长时间积累,带动了新一代 MEMS 器件的发展。

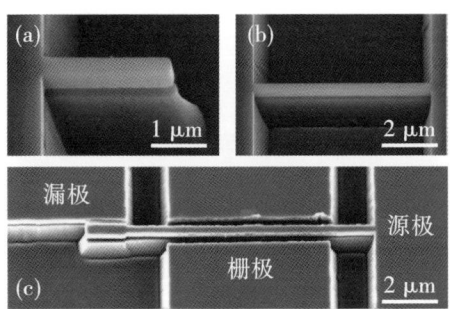

图 5.5　金刚石 MEMS 结构及纳米机电开关

单晶金刚石 MEMS 的应用研究还处于初始阶段。在极端环境(高温、强辐射等)下,其他半导体稳定性和可靠性差,而单晶金刚石可以克服这一缺点。基于 MEMS 的磁传感器具有尺寸小、可批量制造、器件设计灵活以及可以与电子器件集成等优点。金刚石 MEMS 磁传感器与具有高居里温度的磁致伸缩材料集成,可以克服硅基 MEMS 高温下可靠性低的缺点。例如将单晶金刚石 MEMS 与高温磁致伸缩材料 Fe-Ga 结合制成的 MEMS 磁传感器,可以在 500 ℃高温下稳定工作,其灵敏度和可靠性都优于现有的其他各种高温磁性传感器(图 5.6)。

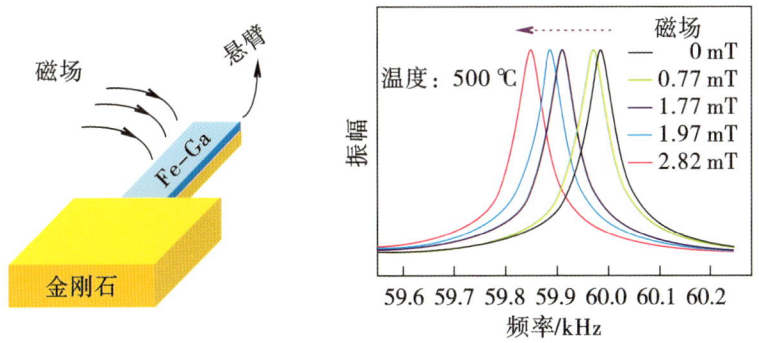

图 5.6　金刚石 MEMS 磁传感器的悬臂结构与高温磁传感特性

"永不枯竭"的电池

在人类探索宇宙的征程中,空间探测器起着至关重要的作用。美国航天局的"洞察"号无人探测器在对火星进行了4年多的科学探测后,因太阳能电池能量耗尽而终结任务。主要原因是随着时间推移,"洞察"号的太阳能电池板上覆盖的尘埃越来越多,无法接收足够光照。

由于地面不能实时遥控,在空间进行长期飞行的探测器必须具备自主导航能力。向太阳系外行星飞行时,远离太阳,不能采用太阳能电池阵,还需承受严酷的空间环境条件,所以空间探测器上要装载强大的核能源动力系统。

核电池具有工作稳定可靠、无需人工干预的特点,在需要长期稳定供电的场合独具优势。在我们的日常生活中,手机、电脑、电动汽车等电子设备大量使用锂离子电池。从安全和性能角度看,核电池有望在未来实现商业化,走进我们的生活。金刚石作为一种重要的超宽带隙半导体材料,原子结构稳定,抗辐射能力极强,是制作核电池的最佳材料之一。金刚石核电池主要由放射源、半导体金刚石换能器件和电极组成(两种主要结构,如图5.7,图5.8)。

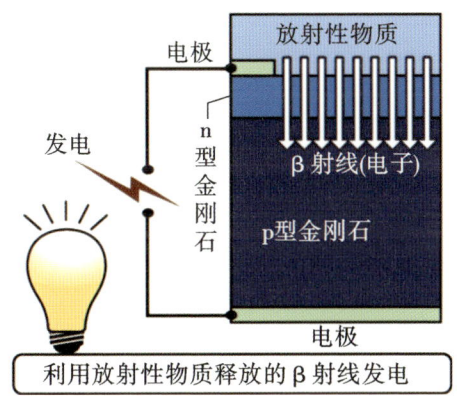

图5.7　金刚石核电池结构示意图

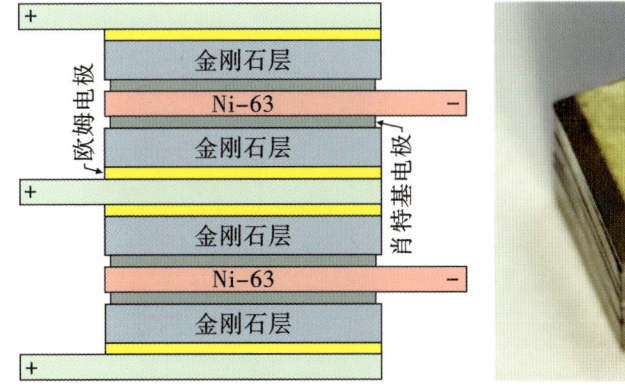 

图5.8　金刚石核电池结构示意图及实物图

目前研究最多且具市场应用前景的是 β 辐射（释放电子）伏特效应核电池。这种电池在工作时不会产生碳排放，在复杂环境下也能正常工作，而且 β 衰变对物质的穿透深度非常浅，普通办公用纸或铝箔就能挡住，不存在辐射伤害，安全性高。它还具有可微型化、可集成化、能量密度高、使用寿命长和不依赖外界能量等特点，是微机电系统电源的理想选择。

2015 年，俄罗斯研究人员制作了金刚石核电池样机，2018 年又对其进行改造，提高了能量密度。英国研究人员将核废料中的放射性碳-14转变为具有放射性的金刚石薄膜，制作出能产生恒定电流的核电池。2016 年，美国研究人员提出基于纳米金刚石的核电池设计，并在 2020 年完成了概念验证测试。2021 年，日本研究人员实现了元件水平的核电池，材料阶段的能量转换效率约 28%，接近理论极限的最高效率。

通过不断研究开发，金刚石核电池有望成为安全性高、成本低、使用寿命长的电池，应用于航空航天、医疗器械等领域。未来，它可以在太空探索中为人造卫星、太空漫游车、空间站等提供动力电源，也可以为无人机、电动飞机、智能手机、笔记本电脑等供电，植入式医疗设备也会因金刚石核电池而变得更小、更安全、寿命更长。在金刚石优异性能的助力下，核电池将彻底改变人类的生活，其发展前景值得期待。

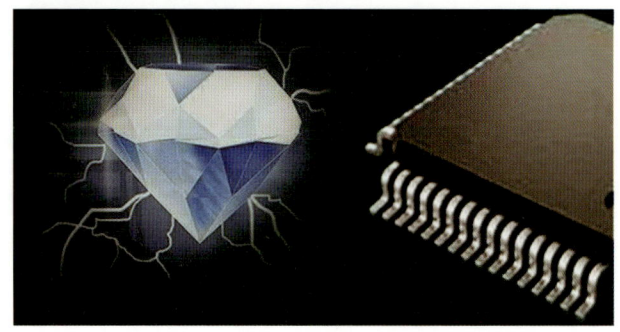

 ## "终极"半导体

美好的事物通常有着诸多优秀的品质,自然界中最硬的金刚石也不例外。作为超宽禁带半导体材料的金刚石是不导电的,但通过掺杂可以导电。同时金刚石集高热导率、高击穿电压、高载流子迁移率、高载流子饱和漂移速率、高 Johnson 系数、高 Keyse 系数、高 Baliga 系数和低介电常数等优异特性于一身,基于这些优势,金刚石有助于减少电子元件的重量、体积以及寿命周期成本,可以使新一代电子器件变得更小、更可靠且更高效。金刚石被认为是制备下一代高功率、高频、高温及低功率损耗电子器件最有希望的材料,体现了全方位的综合优异特性,必将成为业界电子器件的"终极"半导体材料(图 5.9)。

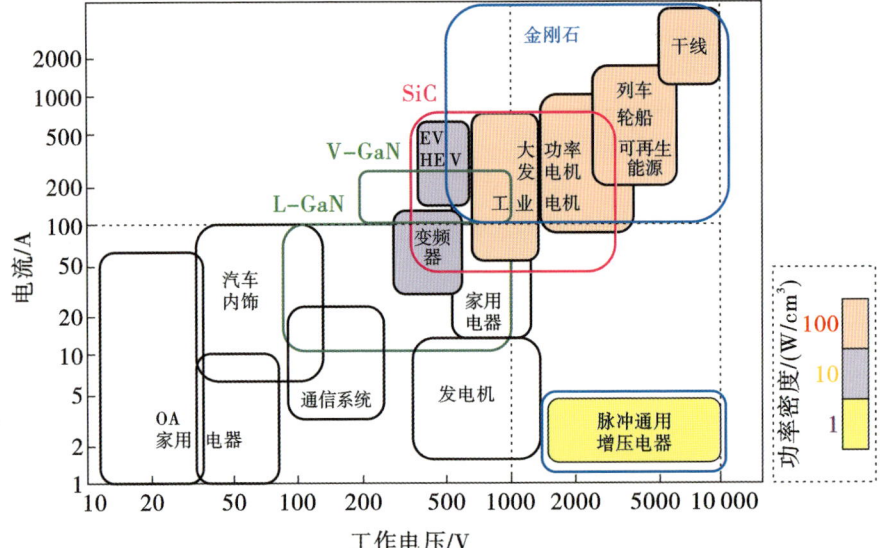
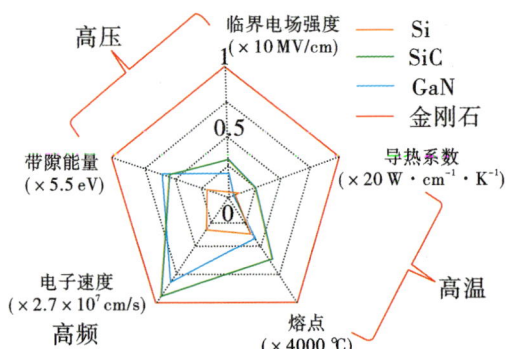

图5.9 不同半导体材料应用领域及性能雷达对比图

金刚石材料具有高临界击穿电场及高热导率的优点,使得同一器件结构在击穿电压相同时实现更低的电容及导通电阻,低损耗金刚石单极性器件是替代现有硅和碳化硅器件的最有前途的选择。另外金刚石器件可以快速开关和高频操作(通常为几微秒),从而会大幅减小功率模块中的电容、电感等无源器件体积。此外,本来是"缺点"的金刚石的深掺杂能级,在 150～250 ℃ 之间可使电流维持恒定,这一特性激发了在自热温度下运行且无须冷却热绝缘的新型高输出功率器件模块的研究。受到材料相关的各种损耗和热管理的限制,摩尔定律基本达到了极限,而金刚石的高热导率是实现"后摩尔"时代电子、光电子和量子芯片的最佳热沉材料。金刚石半导体器件真是高低温不惧,大小功率不愁!

大自然的馈赠也不是人们轻而易举就能得到的。金刚石半导体特性的确很好,但获得大尺寸(2 in 及以上晶圆)和高性能半导体掺杂(特别是 n 型掺杂)的金刚石单晶材料是当前金刚石领域最迫切需要解决的问题,一旦研究获得突破,将对高功率半导体器件的研发和迭代升级起到极大的促进和推动作用。

对于半导体材料在功率器件领域的应用,虽然目前基于硼掺杂金刚石的肖特基二极管及晶体管原型器件的电学性能获得了长足的进步,然而金刚石半导体领域中存在严重的 p、n 型掺杂不对称及最佳掺杂晶面不对称的国际难题,极大地限制了器件种类及电场终端结构的设计。n 型金刚石的难度和意义相当于当年 GaN 的 p 型掺杂(GaN 的 p 型掺杂在蓝色 LED 的发明中起到了至关重要的作用,发明者因此获得 2014 年诺贝尔物理学奖)。因此,亟须开发新型器件结构及 n 型掺杂技术以推动金刚石功率二极管的发展。

但是现在体掺杂还没有找到最好的解决办法,不过金刚石还有表面!金刚石表面碳可以吸附原子或基团,形成多种金刚石表面终端,体现不同的电学特性变化,这几乎是其他半导体材料所不具备的,体现了终极半导体的特质。特别是氢终端金刚石,用于制造场效应管半导体器件,展现出金刚石微波功率器件和高压开关器件的性能。进一步,基于氢终端表面的金刚石逻辑电路也获得成功。然而,表面沟道的稳定性很差,因此需要独特的技术来避免沟道载流子浓度和迁移率的降低等(图 5.10)。与目前成熟的氮化物功率器件相比,金刚石半导体功率器还有一定的差距,有待通过引入新思路、新技术来提高其综合性能。

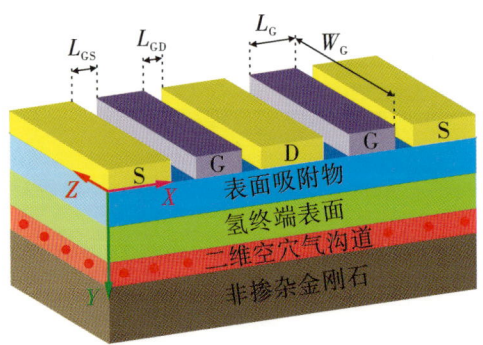

图 5.10　金刚石表面氢终端二维空穴气沟道结构

二维金刚石（图 5.11）是具有独特物理特性的原子级厚度超薄金刚石纳米膜，同时保留了体金刚石的多种优异性质。与体金刚石相比，二维金刚石的结构和电学特性显示与金刚石晶体取向、层数、表面功能化及掺杂剂（缺陷）密切相关，可根据需求对金刚石的各种性能进行有效调整，为新型金刚石基半导体器件的开发提供了新的途径。

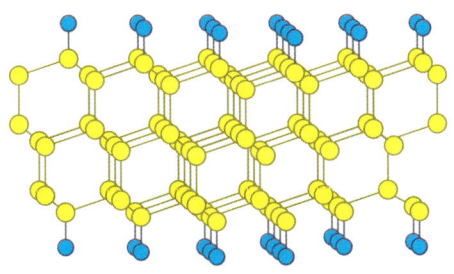

图 5.11　二维金刚石结构

近年来，随着金刚石在半导体领域的应用，众多高校、研究所都投入 CVD 半导体金刚石的研究中，国家层面将半导体金刚石列入重点研发计划。未来，高性能浅施主态 n 型掺杂的实现、大尺寸金刚石单晶晶圆的低成本规模化制备等关键技术将可能获得重大突破，"升级之王"金刚石必将为人类科技和生活带来质的改变。

极端环境中应用的超硬超导体

提起超导,大家一定会想起磁悬浮列车、超导 CT 机、电影《阿凡达》中的神奇室温超导矿石山、学术界热点之———"魔角"石墨烯超导等(图 5.12)。超导材料指的是常规的导体(半导体)在特定温度(称为超导转变临界温度)条件下呈现零电阻和完全抗磁性的材料。超导材料最显著的性能是在输送过程中几乎不会损失电能,所以,新型超导材料一直是人类追寻的目标。新型高温超导(特别是室温超导)材料和装备的实现将为人类的电力、能源、医疗、集成电路、超级计算机、可控核聚变发动机等诸多领域带来颠覆性的改变。

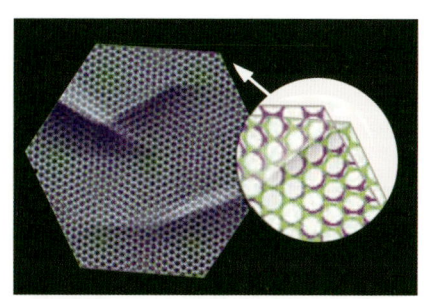

图 5.12 "魔角"石墨烯超导

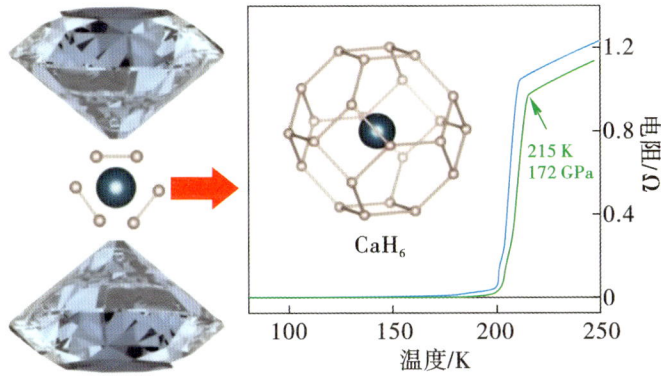

图 5.13　172 GPa 下 CaH_6 超导转变温度达 215 K

我国科学家在超导领域进行了世界领先的探索,比如吉林大学的科学家们理论预测了在高压下近室温超导转化温度的氢硫体系超导家族及 CaH_6 等氢笼结构系列高压富氢材料(图 5.13),并经中外科学家实验证明,不断刷新世界纪录。这些高温超导材料是在高压条件(大于 100 GPa)下获得的,下一步是降低压力,在常压下保持高压相,这需要不断探索,物理学上的"圣杯"——室温(常压)超导体或许很快就能实现!

我们的主角——金刚石如何？超导金刚石是近年来发现的超导材料家族的新成员。2004年，俄罗斯科学家通过使用高温高压法合成的掺硼金刚石样品表现出超导性，其超导转变温度为4.3 K。最硬的绝缘的金刚石也"超导"了！

科学家们将超导金刚石和其他一些超导或非超导的材料混合在一起，通过高温烧结或其他处理方法，得到了金刚石基的新型复合超导体。凡是用到超导的地方，都可以用超导金刚石，但是需要考虑成本，金刚石不能像金属或陶瓷一样可以做得很大或很长，生长条件相对苛刻，而且有脆性，这是由其超硬特性决定的。但金刚石有多个与众不同的性质，如结构及力学稳定性、抗腐蚀性、耐高温、高热导性等，在相对极端条件下，金刚石超导体不可替代。

超导陀螺仪　超导陀螺仪在低温、真空环境下工作，利用超导体的抗磁性将陀螺转子悬浮起来，可消除因机械摩擦而引起的陀螺漂移。制造陀螺仪的材料对机械性能要求很高，金刚石硬度最高，热膨胀系数极低，热导率极高，使得陀螺仪几乎不受周围压强、温度等微扰因素的影响；另外金刚石抗辐射、抗化学腐蚀，更适合制作超导陀螺仪，使其可以在太空等极端环境中使用。

超导重力仪 超导重力仪是一种灵敏度高的相对重力仪,同样利用了超导体的抗磁性。将超导体放置在电流圈上方,在超导状态下,超导体的完全抗磁性使它悬浮在电流圈的正上方(图5.14),通过精确地维持温度和电流圈的电流不变,使超导体悬浮在电流圈上方固定高度,如果重力发生变化,那么超导体就会偏离平衡位置。使用金刚石作重力仪的超导体,保证了精度和长期使用寿命,并可在更复杂的环境中使用。

图5.14 超导金刚石磁悬浮模拟图

金刚石超导温度不断提高,制备可控,金刚石超导量子器件在超导计算机、超导天线、超导微波器件等未来电子器件领域大有作为,可实现其他材料无法达到的高速、高精度、高稳定性和长寿命,可应用到疾病检测与治疗等日常生活,也可应用到太空航空飞行、核能发电站等极端环境中。

 **生物医学领域大显神通**

在生物体内应用的材料必须纳米化,才能进入细胞或组织,起到更好的靶向治疗作用。纳米金刚石表面碳原子可与DNA、阿霉素、酶、胰岛素、细胞色素C、生长激素和抗原等结合,形成多种复合材料或进行药物负载等,广泛应用于生物医学成像及荧光探针、药物递送等领域。基于功能化纳米金刚石的开发和设计在纳米医学方面带来了令人兴奋的创新,使许多疾病的潜在治疗取得了突破性进展。

为了找出某些疾病的成因,科学家使用荧光蛋白质或染料来标示观察的目标,而这些传统物质有的荧光易淬灭,有的具有毒性,而且不易在生物体内追踪观察。纳米金刚石则能克服这些缺陷,吸收黄绿光的能量,发出近红色荧光,具有很好的光稳定性(既无光漂白又无光闪烁现象),可很好地适用于生物成像和生物探针,并且能够有效监测细胞内部摄取行为。金刚石荧光在生物体内的穿透性好,不具毒性,也不影响细胞活动,适用于体内、组织内及细胞内研究(图5.15)。

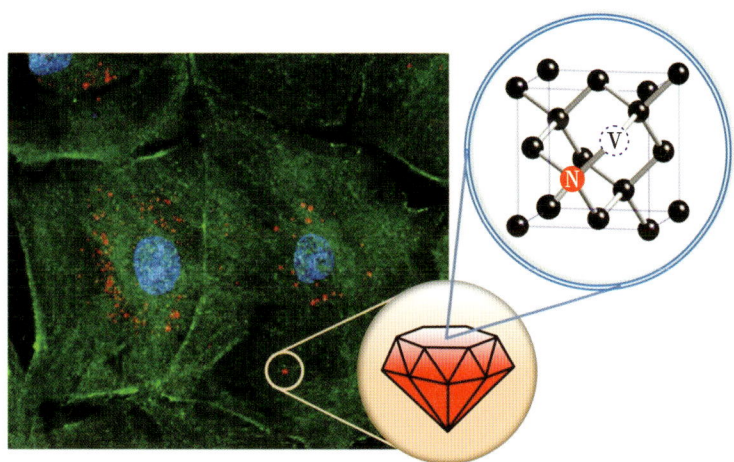

图5.15 细胞组织中的荧光纳米金刚石(NV 色心)

生物传感器 生物传感器是一种利用生物物质(如酶、蛋白质、DNA、抗体、抗原、生物膜、微生物、细胞等)作为识别元件,将生化反应转变成定量的物理化学信号,从而能够进行生命物质和化学物质即时检测和监控的装置。金刚石中的NV(氮-空位)色心发光被学界广泛关注,不仅因为它可以作为单光子源在量子信息中起到重要作用,更重要的是它可以被用于纳米尺度量子传感。NV色心对磁场、电场梯度、应力和温度都有敏感响应,例如,NV色心自旋跃迁的频率随温度变化而变化,目前基于NV色心的各种类型的传感器不断涌现。NV色心的荧光纳米金刚石在带隙内具有光学跃迁,利用其量子感测能力,可用于HIV等的早期检测,以及多种病毒等的快速筛查(图5.16)。

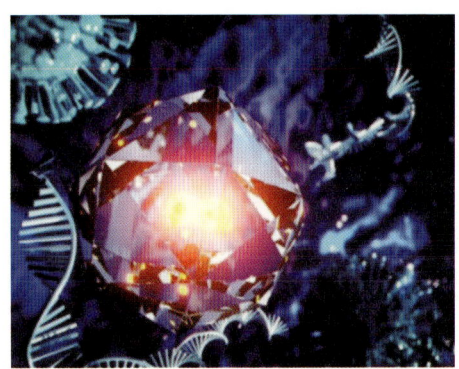

图5.16　用于病毒DNA诊断的纳米金刚石

纳米金刚石的比表面积大、化学性质稳定,在载药、抗癌治疗、蛋白质分离、杀菌等生物医药领域,发挥着愈来愈重要的作用。

载药传输　纳米技术的发展为药物的载药和传输提供了新的方式和途径。纳米金刚石可以作为一种简便、快速、广泛的基因传输工具,用于靶向治疗。研究证明,平均粒径为5 nm的纳米金刚石进入血管后可以躲过人体内的免疫细胞,不会被当作外来物清除掉,而且纳米金刚石会被吸附在红细胞表面,随着红细胞在血管中流动,并流至肿瘤周围大量的新生血管处,接近癌细胞。科学家发现,癌细胞周围环境的酸碱值与正常细胞不同,因此连接在纳米金刚石上的抗癌药物会随酸碱值而脱落,从而杀死癌细胞。这种让药物在癌细胞附近释放的方法,可以减少抗癌药物的使用剂量,因而降低药物对身体的影响。抗癌药物与纳米金刚石结合不仅能够减少毒副作用,克服耐药性,而且可以提高化疗药物的安全性以及化疗效果,在癌症的诊断与治疗方面有着极大的应用前景(图5.17)。

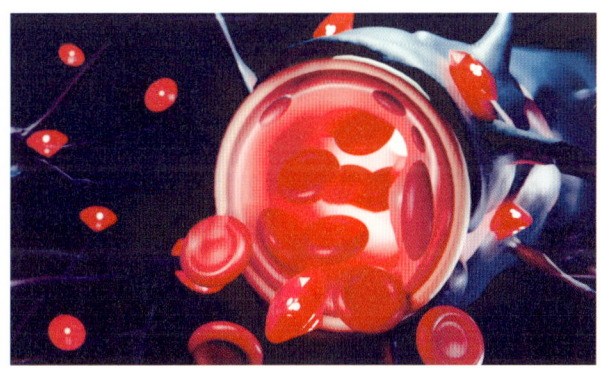

图5.17　纳米金刚石的负载抗癌药物示意图

抗癌治疗　纳米金刚石用于白血病等肿瘤治疗,其生物相容性在体外细胞增殖抑制与凋亡研究中得以体现,所制成的复合物体系不仅保持了药物活性,而且能有效促进癌细胞凋亡,是优秀的载体,并且在实体瘤研究中可调控肿瘤细胞自噬阻断,提升细胞对化疗药物的敏感性。

杀菌治疗　长期以来,细菌感染性疾病是全球健康的威胁之一,抗生素是治疗该类疾病的有效方法。由于抗生素滥用和细菌保护性生物膜形成,严重影响临床抗菌治疗的效果。近年来,纳米金刚石逐渐被开发成为对抗细菌感染的有效工具。最近研究发现,经处理后的纳米金刚石能够形成一种纳米模拟酶,可有效地杀死细菌或破坏生物膜,应用于牙周炎致病菌的感染治疗,构建了一种高效能、低毒性、低廉简便的抗菌体系。当纳米金刚石作为载体与抗菌剂结合时,能够提高药物的靶向性和运输效率,应用于牙科根管治疗充填材料,能有效防止细菌滋生和牙齿感染,在口腔医学领域具有非常好的效果和临床应用前景(图5.18)。

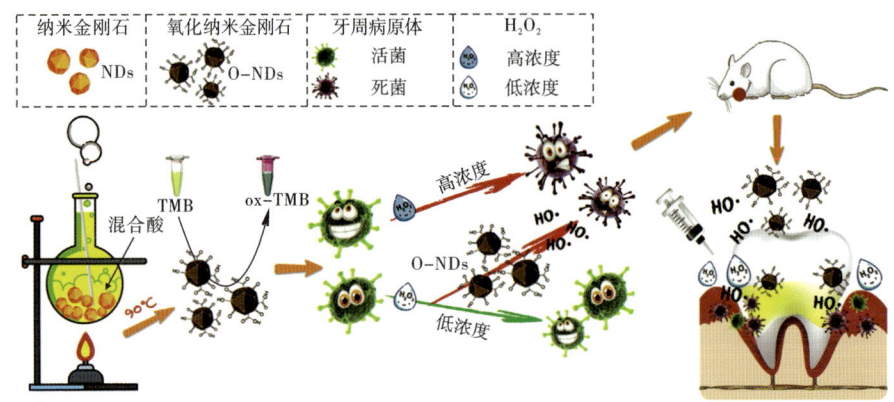

图5.18　纳米金刚石过氧化物模拟酶抗菌系统制备和抗牙周致病菌及治疗牙周感染示意图

O-NDs:抗牙周细菌感染的过氧化物模拟酶。

值得注意的是,纳米金刚石大部分可以通过体液等排泄物从生物体内排出,但残留体内的纳米金刚石几乎不可能降解,研究人员正在深入、系统评估这些残留纳米金刚石的各种可能作用,为纳米金刚石在生物医学方面的安全、高效应用提供科学依据。总之,从目前已有的实验结果看,纳米金刚石生物医学的应用是利远大于弊的。

 ## 十八般武艺样样精通

金刚石作为一种多功能超极限材料,不仅在力学、电学、热学等方面有卓越的表现,还可广泛应用于光学、声学等领域,可谓"十八般武艺样样精通"。

光学应用　金刚石禁带宽度为 5.5 eV,从 225 nm 到远红外具有很高的光谱透过性能,再加上金刚石有很高的硬度、强度、热导率以及极低的线膨胀系数和良好的化学稳定性,这些优异性能的综合使得金刚石薄膜成为可以在恶劣环境中使用的极佳光学窗口材料(图 5.19)。

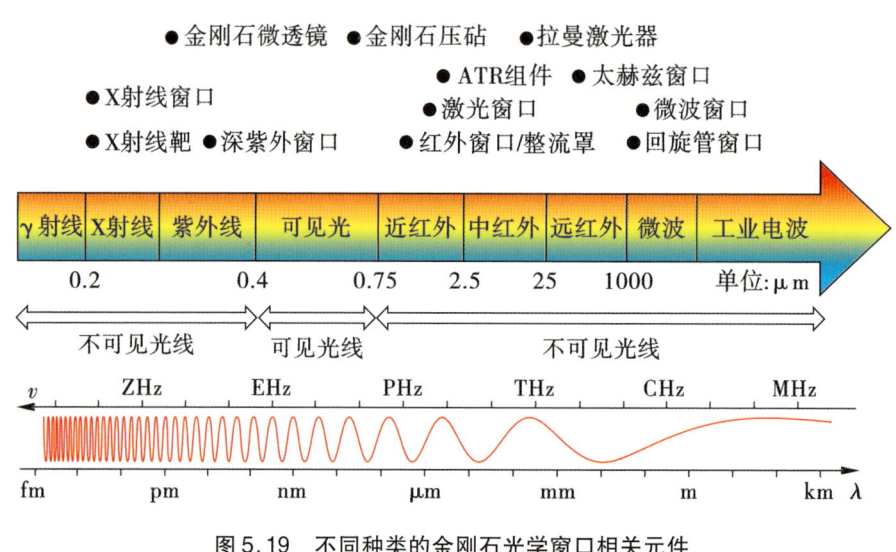

图 5.19　不同种类的金刚石光学窗口相关元件

纳米级线宽芯片晶圆的生产依赖于高功率 CO_2 激光器激发的极紫外线(EUV)光刻机。然而,常规激光窗口会产生温度梯度导致的热透镜效应,从而大大降低激光传输质量。光学级金刚石具有高光学透过、低吸收系数、低膨胀系数、超高热导以及高强度性能,因此成为高能量激光的首选输出窗口。

高质量的光学级和电子级金刚石薄膜或涂层,在微波窗口、导弹窗口/整流罩、X 射线窗口、微透镜等机载、弹载、舰载、星载设备中发挥着重要作用。金刚石膜因其优良的抗震性和高温稳定性,成为高速拦截导弹头罩、航空飞机窗口、战斗机机头探测窗口和红外阵列热成像引导窗口等设备的优选材料。

在民用领域,金刚石膜可用于制造光学镜片、透镜和棱镜,光学衍射聚焦器,高速、高功率的光电子器件(如光电探测器、发光二极管),可作为光学涂层用于红外在线监测和控制仪器的光学元件,也可用于制造光纤光源和激光器的耐腐蚀涂层。

声学应用 金刚石又是自然界中声波传播速度最快的材料,具有很高的弹性模量、低质量密度、良好的声阻尼、优异的高频响应等特性。金刚石多层膜制备声表面波器件(简称SAW)可在雷达、电子战、声呐、移动通信等多个领域广泛应用。目前,金刚石SAW窄带滤波器和谐振器已经得到商业应用,可用作时钟数据恢复的定时滤波器、电压控制SAW振荡器的谐振器、乘法谐振筛选滤波器以及其他特殊应用的滤波器,如无线基地站的导频信号处理。金刚石薄膜具有高的弹性模量,有利于声波的高保真传输,是制作扬声器高频振膜最理想的材料(图5.20)。目前已研发出一种厚度40 μm的曲面自支撑金刚石膜,应用于高音扬声器圆顶,在70 kHz的高频下也可以保持完美的振动状态而不失真,实现了音频频谱高频部分的完美再现。

图5.20 采用金刚石振膜的声学喇叭

在本章的编写过程中,得到了中国科学技术大学王鹏飞研究员、日本国立材料研究所廖梅勇主席研究员及吉林大学李柳暗、方蛟、杨名超、滕云、万琳丰等老师和研究生的大力支持和帮助,谨致谢意。

结束语

大自然馈赠给人类的瑰宝——金刚石,拥有极其优异的性质,在珠宝界独领风骚,在工业领域大放异彩,在科研领域有着先进的应用,其综合性能之卓越,几乎找不到第二种材料与之媲美。利用丰富的碳源,人们已经可以大规模合成金刚石及开发出各种制品,可以说"做之不尽,用之不竭"。

从南阳超硬矿山的一次次爆破到空间站舱窗上的金刚石涂层,从砂轮上的"微尘"到芯片中的"星辰",从遥不可及的"奢侈品"到"克拉自由",金刚石的"砺晶"之路正是中国科技从"仰视"到"平视"世界的缩影。

未来,在金刚石的研究和应用上,我们仍面临许多挑战。大尺寸金刚石的合成、高效半导体掺杂等关键问题尚未得到完全解决。我们期待着一代代科研工作者能够不断地总结经验,勇于探索,有所发现,有所发明,有所创造,让终极材料——金刚石更好地体现其独有的价值。

参考文献

[1] 蔡逸涛,徐敏成,韩双,等. 发现金刚石:来自地心的探险[M]. 武汉:中国地质大学出版社,2022.

[2] 陈长伟. 矿物与岩石完全图鉴[M]. 南京:江苏凤凰科学技术出版社,2022.

[3] 诹访恭一,考克森. 钻石:从粗犷原石到浪漫珠宝[M]. 陈涛,译. 上海:上海文化出版社,2011.

[4] 邹广田,王秦生. 超硬材料及制品[M]. 郑州:郑州大学出版社,2023.

[5] WANG W Y, MOSES T, LINARES R C, et al. Gem–quality synthetic diamonds grown by a chemical vapor deposition (CVD) method[J]. Gems & Gemology,2003,39(4):268-283.

[6] 苑泽伟. 金刚石膜的应用与抛光技术[M]. 北京:科学出版社,2023.

[7] 许丽. 量子信息的多角度解析[M]. 北京:中国农业大学出版社,2018.

[8] 罗珊,胡小月,王成勇,等. 金刚石在医疗领域的应用[J]. 金刚石与磨料磨具工程,2018,38(2):1-7.